KB105028

05
간식

05

간식

탄수화물 없이 행복할 수 있어?

이지유의 이지 사이언스

EASY SCIENCE

글·그림 이지유

창비

과학을 가지고 놀자!

과학자들은 새로운 연구를 시작할 때 반드시 선행 연구를 공부한다. 비슷한 연구를 하던 과학자들이 앞서 이루어 놓은 방법과 결과를 찾아본 뒤 그 연구를 바탕 삼아 가설을 세우고 실험을 통해 검증한 다음, 이 내용을 잘 정리해 누구나 다 따라 할 수 있도록 논문을 쓴다. 물론 '누구나'는 과학자들을 일컫는다. 이렇게 논문으로 정리되어 세상에 태어난 지식은, 과학이라는 거대한 건축물을 이루는 벽돌 한 장이 된다. 우리가 과학 지식이라고 부르는 것들은 대부분 이 벽돌이다.

비전문가는 과학 지식을 받치고 있는 뼈대가 무엇인지, 그 밑에는 어떤 지지대가 있는지 잘 모르고 내부 구조도 잘 모른다. 그래서 과학 지식이 어려울 수밖에 없다. 사정이 이러하니 과학 지식을 비전문가도 이해하기 쉽게 풀어서 설명하는 다양한 콘텐츠가 쏟아져 나오는데, 매우 즐거운 일이다. 다양한 분야에 대해 각기 다른 난이도, 색다른 취향을 파고들 콘텐츠가 있어야 좀 더 많은 사람을 과학의 세계로 초대할 수 있기 때문이다. 과학 콘텐츠의 스펙트럼은 넓을수록 좋다.

나도 이 스펙트럼에 한 가지 색깔을 더하기로 했다. 계기는 우연했다. 2016년의 마지막 날, 나는 무주 산골짜기에서 스키를 타다 넘어졌고, 그 결과 오른쪽 손목 부근 경골이 부러졌다. 완벽한 오른손잡이였던 나는 정말이지 아무 일도 할 수 없었지만 잠시도 가만있지 못하는 성격이라 왼손으로 그림을 그렸다. 그 그림을 SNS에 올리면서 '과학 왼손 그림'이 시작되었고 그걸로 책까지 내게 되었다. 우리의 일상에 과학이라는 물감을 발라 새로운 색으로 바꾸는 재미가 아주 쏠쏠하다. 하지만 어떤 사람들은 과학을 잘 모르면서 그런 장난까지 치면 안 될 것 같다고 뒤로 물러선다. 그럴 필요 없다.

현대 사회는 모든 일상에 과학이 파고들어 있기 때문에, 우리는 알게 모르게 이미 과학 지식을 갖추었다. 다만 먼저 나온 것을 이해하고 이용할 틈도 없이 새로운 지식이 너무 빨리, 많이 나오기 때문에 겁을 먹고 뒤로 물러서는 것이다. 우리는 이미 많은 것을 알고 있다. 그러니 지식을 가지고 재미나게 놀아 보자.

'이지유의 이지 사이언스' 시리즈를 시작하면서 내가 품은 목표는 독자들이 과학을 좀 우습게 보도록 만드는 것이었다. 청소년이나 성인들에게 '과학 지식과 과학 방법은 넘어야 할 산이 아니라 그냥 가지고 놀 수 있는 대상'이라는 점을 전하고자 했다. 나는 이런 목적을 구현하는 데, 못 그린 왼손 그림이 여전히 유효하다고 생각한다. 그래서 스키를 타다가 부러진 오른팔 뼈가 제대로 붙고 이제는 운동도 거뜬히 할 수 있지만, 왼손 그림을 계속 그리기로 마음먹었다. 왼손으로 너무 잘 그려지면 한두 달 쉬고 다시 그린다. 그러면 못 그리는 그림으로 돌아온다.

일상에 과학 물감을 칠해 우리 삶의 인테리어로 삼다 보면, 어느 순간 과학과 자연의 작동 방식이 가슴을 울린다. 그리고 삶을 새로운 방식으로 보게 된다. 과학 공부의 진정한 목적은 이것 아닌가! 지구, 우주, 동물, 옛이야기 편에 이어 이번에는 간식과 생일에 담긴 과학을 가지고 신나게 놀아 보자.

2021년 10월

이지유

들어가며

먹을 것은 생명을 유지하기 위해 꼭 필요한 요소다. 쉴 수 있는 집이 있고 유행을 따르는 예쁜 옷이 아무리 많아도 먹을 것과 마실 것이 없으면 인간은 죽는다. 음식은 생존을 위한 필수 요소이지만 사교를 위해서도 반드시 필요하다. 음식이 없는 파티, 모임을 생각할 수 있는가? 이뿐만이 아니다. 음식은 우울한 기분을 풀어 주고, 기쁜 마음을 더하며, 싸웠던 친구와 화해할 기회를 주고, 누군가에게 고마운 마음이나 미안한 마음을 표시하는 아주 좋은 수단이 된다.

음식은 행복한 기억을 꺼내는 중요한 열쇠이기도 하다. 추억은 그때 먹었던 음식의 냄새와 함께 뇌에 남는다. 오랜 시간이 흐른 뒤 같은 냄새를 맡으면 신기하게도 당시의 행복한 기분을 느낄 수 있다. 이것이야 말로 타임머신! 친구들과 먹던 떡볶이와 돈가스, 생일 노래를 부르고 함께 먹었던 달콤한 케이크, 게임을 하면서 먹었던 감자칩, 소풍 가서 먹었던 김밥은 단순히 한 끼 음식이 아니라, 가장 행복했던 순간을 저장하고 있는 기억 장치인 셈이다. 이렇게 중요한 먹거리에 대해 우리는 얼마나 과학적으로 알고 있을까? 잘 몰랐다면 이제부터 스타트!

차례

1장 라면

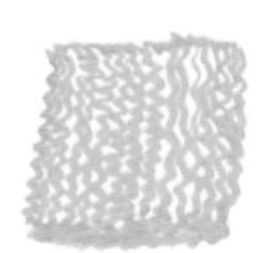

2장 떡볶이

3장 만두

4장 휴게소

5장 **영화관**

6장 **편의점**

7장 거리

1장

라면

중국의 면 요리 가운데, 밀가루 덩어리를 잡아 늘려 뽑은 면을 고기와 뼈를 우린 국물에 말아 먹는 '납면'이 있었다. 중국 명나라 말기, 청나라에 밀려 일본 나가사키로 건너간 명나라 사람들이 고향에서 먹던 납면을 만들어 먹었다. 이를 본 일본 상인들이 따라 만든 음식이 남경 소바인데 시간이 지나면서 라멘이라 부르게 되었다. **2차 세계 대전이 끝나고 일본에는 미국에서 건너온 보급품 밀가루가 아주 많았고, 이를 이용해 조리 시간을 줄인 인스턴트 라면을 만든 사람이 나타났다.**

이 인스턴트 라면이 대한 해협을 건너와 우리나라에도 전해졌다. 지금은 사람들이 즐겨 먹는 주식이자 간식이 되었지만, 처음 시장에 나왔을 때는 무척 비쌌다. 하지만 식품 회사의 다양한 노력 끝에 저렴하면서도 든든한 음식이 되었다. **오늘날 인스턴트 라면은 전 세계 사람들이 즐기는 음식이자, 수입이 빠듯한 사람들에겐 더 없이 중요한 식량이다.**

무엇이든 익혀 주마.

반응 없는 냄비

1

꼴찌에게도 길은 있다

라면을 끓이려고 마음을 먹었을 때 가장 먼저 하는 일은 냄비를 꺼내는 것이다. 냄비는 구리, 알루미늄, 쇠, 스테인리스와 같이 구하기 쉽고 열전도율이 좋은 금속으로 만든다. 열전도율이란 열을 옆 분자에게 옮기는 능력으로, 열을 빨리 옮길수록 냄비가 빨리 달구어진다. 이 중 열전도율이 가장 좋은 금속은 구리이지만, 구리는 열뿐만 아니라 산에도 잘 반응한다. 구리가 산과 반응해 녹으면 라면 국물의 안정성을 장담할 수 없다. 또 시간이 흐르면 공기 중의 산소와 결합해서 파란 녹이 생기기 때문에 냄비의 재료로 적당치 않으며, 결정적으로 너무 비싸다.

구리 다음으로 열전도율이 좋은 것은 알루미늄 그다음은 철인데, 알루미늄 역시 산과 반응해 음식의 색을 맛없는 회색으로 만들고, 철은 녹이 잘 슬고 무거워 냄비 재료로 적합하지 않다. 결국 열전도율은 가장 나쁘지만 다른 물질과 반응하지 않는 스테인리스가 최선이다. 스테인리스는 자성이 있어 요즘 유행하는 인덕션에 올려놓고 라면을 끓일 수도 있다. 전기가 통하는 재질로 만든 냄비만 인덕션에 사용할 수 있기 때문이다. 열전도율 성적이 꼴찌인데도 물질과의 친화력이 0에 가까워 냄비의 재료로 선택되었다니, 꼴찌에게도 길은 있다.

모두 비켜!
라면 나가신다.

진작에 익은 면

2

이미 준비는 끝났어

밀가루에는 글루테닌과 글리아딘, 두 종류의 단백질이 있다. 글루테닌은 실 모양의 분자가 마구 엉켜 있는 모습인데, 물을 흡수하면 엉킨 것이 풀어지면서 구불구불한 실이 되고, 여기에 구슬 모양의 글리아딘이 들러붙어 아주 긴 단백질 복합체가 생겨난다. 이것이 글루텐이다. 글루텐은 너무 큰 분자라 사람이 소화시키기 힘들다는 단점이 있지만, 밀가루 반죽을 잡아 늘여도 끊어지지 않을 끈기를 준다. 글루텐 덕분에 끈기가 생긴 밀가루 반죽으로 면을 50미터쯤 뽑고, 층층이 겹쳐서 손바닥만 하게 만들면 준비 완료!

라면 공장에서는 이렇게 만든 면 덩어리에 증기를 쏘여 찌는 증숙 과정을 진행하는데, 이때 밀가루 속 녹말 입자가 깨져 호화 상태가 된다. 즉 면의 부피가 늘어나고 점성이 생겨서 끈적끈적해지는 것이다. 호화된 라면 덩어리를 150도에 이르는 기름에 튀기면 밀가루 안에 있던 물이 수증기가 되어 구멍을 만들며 터져 나와 수분 함량이 5퍼센트에 이르는 건조 상태가 되고, 부피가 커지면서 바삭해진다. 이를 식혀 봉지에 넣고 빛과 산소를 차단해 밀봉하면, 1년 이상 상하지 않는 저장 식품이 된다. 라면은 이미 익힌 음식이라 끓이지 않고 먹어도 괜찮다. 부숴 먹은 뒤 물을 마시면 영양학적으로 라면을 끓여 먹은 것과 다를 바가 없다.

많은 관심 부탁해요. ^^

과학적으로 건조된 스프

3

핵심 중에서도 핵심

라면 스프만큼 건조 기술을 확실하게 보여 주는 것도 드물다. 식품에 수분이 포함되어 있으면 상하기 쉬워 유통 기한이 짧고, 무게가 많이 나가 운반비가 많이 들며, 파손의 위험 또한 높다. 그래서 식품과학자들은 가열 건조, 진공 건조, 동결 건조 등 음식을 건조하는 방법을 고안해 냈다. 가루 형태인 분말 스프는 진공 건조법으로 만든다. 각종 재료를 넣고 우린 국물을 밀폐된 통 안에서 졸이면서 진공 상태로 만들면 수분은 빠져 나가고 가루만 남는 방식이다.

야채 건더기 스프는 동결 건조법으로 만든다. 잘게 썬 채소를 살짝 익힌 후 밀폐된 통 안에 넣고 온도를 영하 20도로 낮추면 채소 속에 포함된 물이 얼어붙는다. 그런 다음 통 안의 공기를 빼 압력을 대기압의 0.2퍼센트로 낮추면 얼음이 수증기로 변하는 승화 과정이 일어나서, 채소 속에는 수분이 남지 않는다. 그 결과 우리는 끓는 물을 부으면 원래 모습으로 돌아오는 파와 당근을 먹을 수 있는 것이다. 동결 건조된 채소의 엽록소는 서서히 분해되어 6개월이 지나면 본래의 색을 잃는다. 그래서 라면의 유통 기한이 6개월이다.

한편, 가열 건조는 매우 오래된 방법으로 재료를 물에 넣고 푹푹 끓인 뒤, 맛이 우러난 국물에서 물기를 빼고 가루만 남기는 방법이다. 닭 뼈를 우려 주사위 모양으로 만든 치킨스톡이 대표적인 예다.

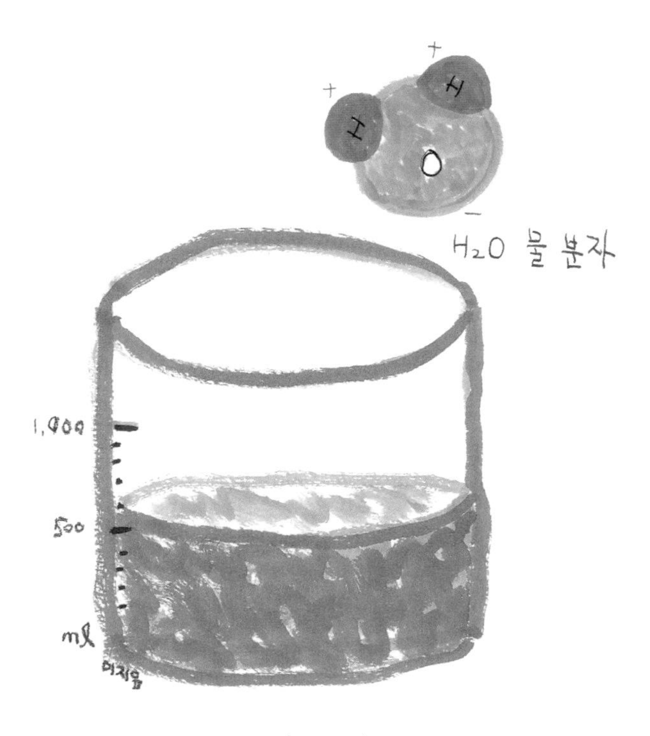

나 없이는
익히기 힘들걸!

잘 받아들이는 물

4

넓은 도량의 소유자

라면을 꺼냈으면 냄비에 물을 부어야 한다. 물은 산소 원자 하나가 양팔을 104.5도 벌려 각각 수소 원자와 결합해 삼각형 모양을 이룬 분자들의 집합이다. 산소 원자 주변에는 8개의 전자가 분포할 수 있는데, 이 중 4개는 수소 원자와 공유 결합한 상태다. 공유 결합에 참여하지 않은 전자들은 공유 결합 팀을 밀어낸다. 그래서 물 분자는 구부러진 모양이 되고, 산소 꼭짓점에는 전자가 4개 모여 음전하가 상대적으로 강하다. 이처럼 분자 전체로 보면 중성이지만 부분적으로는 양극을 띠고 자석처럼 행동하는 분자를 극성 분자라고 한다.

이 극성 덕분에 물은 지구 최고의 용매 자리에 올랐다. 수많은 이온을 녹여 품을 수 있는 반면, 자신은 무색무취라 무언가 아주 소량만 녹아들어도 금방 용질의 색과 향이 드러난다. 어디 그뿐인가. 0도에서 얼고 100도에서 끓기에 지구상에서 고체, 액체, 기체의 모습을 다 볼 수 있다. 한편, 물은 4도에서 밀도가 가장 커진다. 가장 무거워진다는 뜻이다. 겨울이 와서 호수나 강물 표면의 온도가 내려가 4도가 된 물은 아래로 가라앉고, 매서운 바람을 맞아 0도가 된 물은 4도인 물보다 가벼워 표면에 뜬 채로 얼어붙는다. 이 얼음은 훌륭한 단열재 역할을 해서 수중 생물이 얼어 죽지 않도록 보살핀다.

가소롭다!

'익힘' 하면 불!

속도를 높여 주는 불

5

이제는 돌이킬 수 없어

요리에는 불이 필요하다. 불이란 어떤 물질이 산소와 빠르게 결합하는 상태이고, 이를 산화 과정이라 한다. 가스레인지를 켜면 천연가스의 주성분인 메탄이 산소와 결합하면서 내놓은 열이 냄비를 데우고, 냄비의 열이 물을 끓인다. 쌀이나 밀과 같은 곡물을 물에 넣고 끓이면 곡류의 주성분인 전분 알갱이가 잘게 깨져 소화하기 쉬운 분자 구조로 바뀌는데, 이 과정을 호화라고 한다. 호화는 물의 온도가 60도일 때 시작해서 100도에 이를 때까지 지속되며, 비가역적이다. 이미 지은 밥을 햇볕에 널어 말려도 다시 쌀로 돌아가지 않는다는 뜻이다.

라면은 제조 과정에서 이미 호화가 되었지만, 면을 말랑말랑하게 만들려면 다시 수분을 보충해 주어야 한다. 스프가 물에 빠르게 녹아들어 호화된 면발과 어울리게 하려면 뜨거운 물이 필요하다. 물론 찬물에 스프를 넣고 열심히 저으면 언젠가는 라면 국물이 완성되고 면발도 부드러워지겠지만 시간이 아주 오래 걸릴 것이다. 그러니 물의 온도가 10도 올라가면 반응 속도가 두 배 빨라진다는 아레니우스의 공식을 따르는 편이 좋다. 우리가 고생고생해서 알래스카나 보르네오 땅 밑에 묻힌 채 가스로 변한 고대의 생물 사체, 곧 천연가스를 끌어내 그것을 산화시키는 이유는 라면을 빨리 먹고 싶어서인 것이다.

내가 실세라는 걸
잊지 마라.

적당해야 좋은 나트륨

6

치명적인 짭짤함

사실, 시중에서 판매하는 라면의 열량은 대략 550킬로칼로리로, 라면으로 세끼를 해결해도 성인의 하루 필요 열량인 2,000킬로칼로리를 채울 수 없다. 하지만 인스턴트 라면 1인분에는 보통 약 1.8그램의 나트륨이 들어 있으므로, 성인의 1일 나트륨 권장량이 2그램인 것을 고려할 때 라면 한 봉으로 이미 하루에 필요한 나트륨을 거의 다 먹은 셈이 된다.

우리 몸에는 적당한 양의 나트륨이 필요하다. 피와 체액에 나트륨 이온이 있어야 화학 반응에 필요한 전하들을 운반할 수 있기 때문이다. 하지만 나트륨이 너무 많으면 몇 가지 문제가 생긴다. 뇌는 혈액의 나트륨 농도가 1퍼센트만 높아져도 갈증을 유발한다. 나트륨이 근육을 수축시켜 혈관이 좁아진 상태인데, 물까지 마셔 혈액량이 늘면 당연히 고혈압 상태가 된다. 그러면 뇌는 혈압을 낮추려고 소변량을 늘린다. 그런데 나이가 들면 이와 같은 피드백 작용이 조금씩 늦어서, 나트륨 농도가 높아도 갈증을 느끼지 못해 계속 고농도 나트륨 상태로 있고, 뒤늦게 피드백을 받아 물을 많이 마셔도 소변량이 늘지 않아 고혈압 상태가 지속된다. 그 결과 몸이 붓고 얼굴이 달덩이가 된다. 아, 라면도 젊을 때 먹어야 하는 건가?

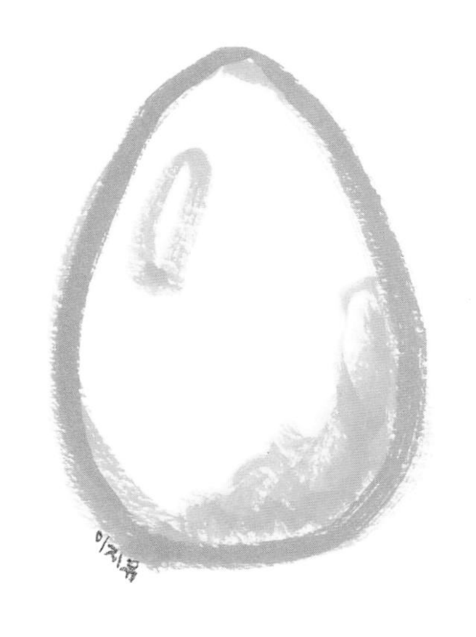

달걀 없는 세상을
상상할 수 있는가.

달걀은 완벽 그 자체

7

반숙과 완숙 사이에서 생각할 것

인간들은 새알 중에서도 메추리알, 오리알, 타조알 등을 먹는데, 그 중 가장 많이 먹는 것은 닭의 알인 달걀이다. 달걀은 삶거나 프라이를 해서 먹는 것 외에도 다양하게 활용된다. 날달걀을 깨서 휘저으면 당단백질에 점성이 생겨 아주 좋은 튀김옷이 된다. 또 노른자의 단백질인 레시틴은 물과 기름을 섞어 주는 유화제 역할을 해 마요네즈의 재료가 된다. 화가들은 이 성질을 이용해 노른자로 물감을 만들기도 한다. 흰자의 단백질은 마구 저으면 공기를 품을 수 있어 머랭 쿠키의 재료가 된다. 공기를 품은 흰자는 불순물을 흡착하는 효과가 있어, 흰자를 풀어 휘휘 저으며 끓이면 맑은 국물을 얻을 수 있다.

흰자에는 알부민, 글로불린, 당단백질이 있고 세균 번식을 억제하는 아비딘이 있어서 노른자를 세균으로부터 보호한다. 노른자는 우리가 만들지 못하는 필수 아미노산을 많이 가진 매우 좋은 단백질 공급원이다. 노른자에 풍부한 철분은 100퍼센트 가까이 혈색소 합성에 쓸 수 있는 아주 좋은 빈혈 치료제다. 달걀은 훌륭한 단백질 공급원이면서 값도 싸다. 세상에나, 닭이 없었다면 인류는 어떻게 살았을까? 이렇게 훌륭한 달걀을 먹을 때는 닭에게 고마운 마음을 갖도록 하자.

맛의 조화에 대하여 묵상합시다.

알싸한 매력의 파와 마늘

8

사라진 향을 되찾으려면

인스턴트 라면 봉지에 안내된 '끓이는 법'을 보면, 기호에 따라 파와 마늘을 추가하라는 대목이 있다. 채소를 잘게 썰어 데치고 얼려서 말린 건더기 스프가 있음에도 이런 제안을 하는 이유는 무엇일까? 건조 과정에서 아무리 애를 써도 향을 100퍼센트 유지할 수 없기 때문이다. 채소 중에는 유황을 함유하고 있는 것들이 있다. 파, 양파, 부추, 마늘, 달래와 같은 마늘류와 배추, 양배추, 갓, 브로콜리, 무와 같은 배추류는 양의 차이는 있어도 모두 유황 성분이 있어 알싸한 향을 내뿜는다. 이 향은 휘발성이라 열을 가하면 쉽게 날아간다. 아무리 동결 건조라도 향을 100퍼센트 잡아 둘 수는 없다. 그래서 파나 마늘을 추가하라는 것이다.

향뿐만 아니라 색의 문제도 있다. 파가 초록색으로 보이는 이유는 엽록소를 함유하고 있기 때문인데, 끓는 물에 들어가면 세포 속에 있는 공기들이 빠져나가면서 엽록소가 표면으로 잘 드러나 초록색이 더욱 선명해진다. 그러나 동결 건조된 파는 아무리 애써도 다시 생기 있는 초록색이 될 수 없으며 시간이 지나면 있던 엽록소마저 파괴되어 누런색이 되고 만다. 그래서 싱싱한 파를 첨가하라고 하는 것이다. 파와 마늘을 추가한 라면은 분명 더 맛있다.

치즈 + 라면
= 탁월한 선택

풍미를 더하는 치즈

9

속은 것은 누구인가

아, 누가 라면에 치즈를 넣어 먹을 생각을 했는지 몰라도, 정말 천재다. 치즈의 원료는 젖소에게서 얻은 우유다. 우유의 성분은 두 종류의 단백질과 지방, 탄수화물과 무기질, 비타민으로 모든 영양소가 골고루 든 완전식품에 가깝다. 치즈는 두 종류의 단백질 가운데 카제인을 응고시켜 만드는데, 치즈가 되는 데 참여하지 못한 유청 단백질은 근육을 키우고 싶은 인간들을 위해 단백질 보충제로 환생한다.

분식집 라면에는 주로 노란 치즈가 들어간다. 흔히들 이것을 체더치즈라고 알지만 100퍼센트 체더치즈가 아닌, 여러 치즈를 섞은 뒤 노란색 색소를 첨가한 치즈다. 집에서 맛있는 치즈 라면을 끓여 먹고 싶다면 모차렐라나 파마산 치즈를 넣어 보기를 권한다. 모차렐라는 숙성하지 않은 치즈이고 파마산은 숙성 치즈다. 우유에 산을 첨가해서 카제인을 응고시키고, 응고된 단백질을 거두어 뭉친 뒤 바로 먹는 모차렐라 치즈는 수분이 80퍼센트나 있어 부드럽다. 반면 카제인 응고물에 치즈 곰팡이를 첨가해 오랜 기간 숙성시켜 만든 파마산 치즈는 독특한 향이 일품이다. 치즈의 카제인은 매운맛을 내는 분자를 에워싸 혀에 있는 수용체에 닿지 않게 만든다. 결국 우리는 맵다는 것을 덜 느끼면서 매운 라면을 맛있게 많이 먹게 된다.

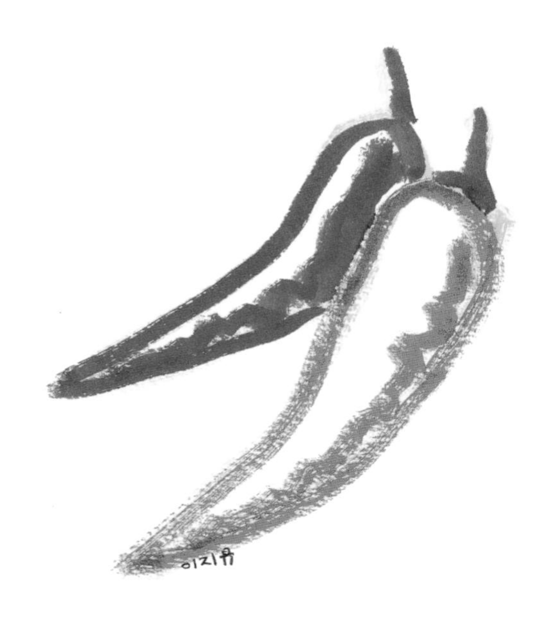

매운맛을
보여 주마.

엔도르핀을 부르는 고추

10

자꾸 매운맛이 생각난다면

매운맛 이야기가 나와서 말인데, 인스턴트 라면 중에는 누가누가 더 맵나 경쟁을 하는 제품이 많다. 매운맛을 제공하는 식재료는 고추로, 이 속에는 매운맛을 내는 다양한 분자들이 있는데, 이를 모두 그러모아 '캡사이시노이드'라고 한다. 그중 가장 유명한 것이 '캡사이신'이다. 매운맛의 정도를 나타내는 데에는 스코빌 지수가 널리 쓰인다. 스코빌 지수는 설탕물에 캡사이시노이드를 녹여 다섯 명의 인간들에게 맛보여 매운맛의 단계를 정한 것이다. 매운맛의 단계를 조절하는 것은 캡사이시노이드의 양을 조절한다는 뜻이다.

캡사이시노이드는 입 안에 들어와 열과 마찰을 느끼는 수용기에 들러붙어 타는 듯한 고통을 느끼게 한다. 매운 것을 반복해서 먹으면 이 수용기의 수가 줄어들어 점차 매운맛을 느끼지 못하게 된다. 이른바 내성이 생기는 것이다. 그럼에도 불구하고 계속 매운 것을 찾는 이유는, 매운맛이 엔도르핀의 분비를 촉진해 진통제 역할을 하고 기분도 좋게 만들어 주기 때문이다. 그러니 자꾸 매운 것이 먹고 싶다면, 내 몸이 우울함을 벗어나려고 안간힘을 쓰고 있을 확률이 크니, 삶을 한번 돌아보자.

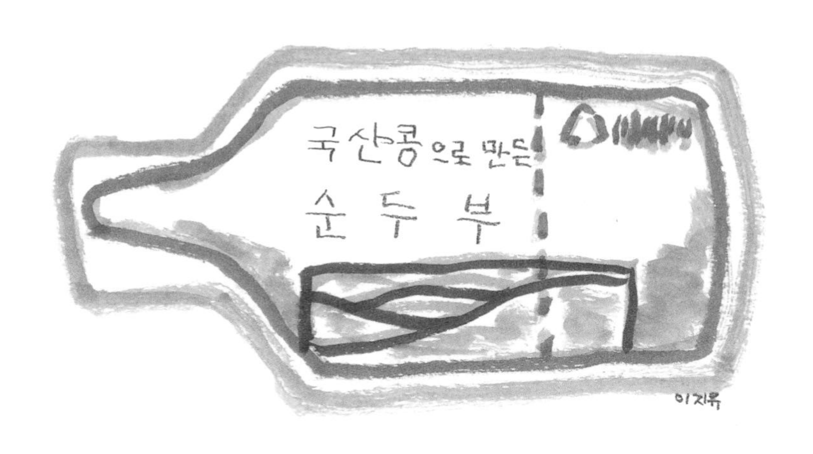

주인공은 마지막에
등장한다.

몽글몽글 순두부

11

끊임없이 진화 중

2020년 7월, '마포농수산쎈타'라는 아이디를 쓰는 한 네티즌이 라면 토핑의 새로운 장을 열었다. 라면에 순두부를 넣어 먹는 아이디어를 제안한 것이다. 콩은 쌀을 주식으로 삼는 사람들에게 좋은 단백질 공급원으로 칭송받아 왔다. 콩의 종류에는 단백질과 탄수화물이 많은 팥, 녹두, 완두콩, 강낭콩과 지방질이 많은 대두와 땅콩이 있다. 어느 것을 선택하든 라면에 부족한 단백질을 보충하는 데 아주 좋다. 그러나 사소한 문제가 하나 있는데, 콩을 그냥 넣으면 바닥에 가라앉아 면발과 함께 먹기 어렵다는 점이다. 순두부를 넣으면 이런 문제가 해결된다.

콩 단백질인 글리시닌은 원래 물에 녹지 않아 소화되기 힘든데, 콩을 물에 불리고 익혀 갈면 다양한 무기질 성분과 작용해 수용성이 된다. 이것이 바로 두유다. 두유에 황산 칼슘이나 염화 칼슘을 넣어 끓이면 단백질이 응고되어 몽글몽글 뭉친다. 이것을 체에 걸러 물기를 살짝 뺀 것이 순두부로, 수분 함량이 높고 부드러워 라면과 잘 어울린다. 여기서 주의할 점 하나. 두부를 나트륨과 함께 오래 끓이면 응고제와 글리시닌이 결합하는 것을 방해해 두부가 풀어질 염려가 있다. 따라서 순두부는 불 끄기 30초 전에 넣는 것이 정석이지만 간이 덜 밴다는 점이 함정. 간간한 순두부를 먹고 싶다면 조금 작게 떠 넣으면 도움이 된다.

신난다~
소풍의 아이콘 김밥.

든든하게 채워 주는 김밥

12

완벽한 파트너

라면과 찰떡궁합 김밥. 김 위에 밥을 넓게 펴고 그 안에 각종 재료를 넣은 뒤 돌돌 말아 긴 원통형으로 만든 음식으로, 소풍 갔을 때나 야외에서 스포츠 경기를 관람할 때 혹은 밥 먹을 시간이 없을 때 먹기 좋다. 또 편의점이나 프랜차이즈 식당에서 손쉽게 구할 수 있다는 것도 장점이다.

김밥의 가장 중요한 재료는 김으로, 김은 바다에 사는 홍조식물 보라털목 김속에 속하는 다양한 해조를 통틀어 부르는 이름이다. 김은 바위 같은 단단한 부분에 붙어 사는 고착 생물이라 격자무늬 틀에 김을 붙여 양식할 수 있다.

김은 10월에서 5월 사이에 거두어 맑은 물로 잘 씻은 뒤 네모난 판에 종이 뜨듯 떠서 햇볕이나 건조실에서 말린다. 김의 제조 과정상 플라스틱 끈이나 작은 새우 같은 이물질이 들어가기 쉬워, 전 과정이 자동화되었어도 마지막에는 사람이 한 장 한 장 검수하는 과정을 거친다. 전 세계에 블랙 푸드 열풍이 불어 2019년에는 우리나라 농수산물 수출품 중 김이 1위를 차지하는 등 시장 규모가 매우 커졌으나, 김을 씻는 과정에 엄청난 지하수를 써서 지하수 부족 사태를 불러왔다. 김을 먹을 때는 이런 점을 생각하며 먹는 것이 좋겠다.

아름다운
식탁이에요.

색다른 맛의 짜장 라면

13

적당히 눌러야 맛있다

우리나라에서는 중국 음식점의 대표 메뉴이지만 정작 중국에서는 보기 어려운 짜장면은 춘장을 기본 소스로 한다. 콩을 발효시켜 만든 중국식 된장인 춘장을 강한 불에 볶으면 독특한 맛이 난다. 음식에 포함된 당분과 아미노산을 140도 이상의 높은 온도로 가열하면 아마도리 혼합물이 생기는데, 대체로 진한 갈색이며, 재료에 따라 고소한 견과 맛, 진한 고기 맛, 로스트비프 맛, 캐러멜 맛 등 맛있는 맛을 만들어 낸다. 이를 마이야르 반응이라 한다.

고기의 경우 글루코스와 글리코겐 같은 당분이 미오신 같은 근단백질과 결합해 고소한 맛을 내며, 빵은 밀가루의 단백질 글루텐과 당분이 결합해 맛있는 향과 맛을 만들어 낸다. 양파나 파 같은 채소와 고구마나 밤도 당분과 단백질이 있기에 강한 불에 구우면 마이야르 반응이 일어나 달고 맛있어진다. 카레를 끓이거나 고기가 들어간 국을 끓일 때 냄비에 기름을 둘러 재료를 달달 볶은 뒤 육수를 부어 끓이는 것도 마이야르 반응을 이용해 풍부한 맛을 끌어내기 위해서다.

마이야르 반응을 일으키는 비결은 옅은 갈색이 될 때까지 눌리는 것. 그래서 어떤 이들은 짜장 라면을 끓일 때, 스프를 넣고 비비라는 레시피를 따르는 대신 약한 불에 볶는 전략을 취한다. 그러나 욕심이 과해 태우면 맛이고 뭐고 없다.

2장

떡볶이

한국인들이 가장 즐겨 먹는 간식으로 떡볶이를 꼽는 데 반대할 사람은 없을 것이다. 떡볶이를 파는 음식점만 모여 있는 거리도 있고, 사람이 북적이는 길가에 줄지어 있는 포장마차 가운데는 반드시 떡볶이와 튀김을 파는 곳이 있으며, 거의 모든 학교 앞 분식점의 대표 메뉴는 떡볶이다.

학교 앞에 떡볶이집이 많은 이유는 이곳이 바로 사교의 장소이기 때문이다. 불 위에 얹은 넓은 냄비에 떡과 라면 사리와 어묵을 넣고 재료들이 맛있게 익어 가는 모습을 보면서 이런저런 이야기를 나누는 시간은 매우 소중하다. **떡볶이 양념에는 고추장이나 설탕만 들어간 것이 아니라, 그것을 먹는 사람들의 이야기 조미료가 추가된 것이라고나 할까.** 이야기 조미료는 떡볶이 재료 중 가장 비싼 것이 틀림없다. 값을 매기기 힘들 만큼. 그래서 많은 이가 떡볶이를 영혼을 감싸 주는 음식인 '소울 푸드'로 꼽는 것이다.

카사바
나도 전분이야.

탄수화물은 생존에 필수

1

탄수화물 없이 행복할 수 있어?

떡볶이는 고탄수화물 식품이다. 탄수화물은 탄소, 수소, 산소로 이루어진 거대 생체 분자로 주로 식물이 만들어 낸다. 탄수화물이라는 말은 원래는 과학자들이 쓰는 용어였는데, 영양소에 대한 대중적 관심이 높아지면서 모두가 즐겨 쓰는 용어가 되었다. 탄수화물은 분자의 길이에 따라 단당류, 이당류, 올리고당류, 다당류, 유도당류 등으로 나뉜다. 각 당의 유명 주자로 단당류에는 포도당, 이당류에는 설탕, 올리고당류에는 엿당, 다당류에는 녹말(전분), 유도당에는 자일리톨 등이 있다. 물론 여기 소개된 것 이외에도 어마어마하게 많은 종류의 탄수화물이 있다.

여기서 잠깐 다당류 탄수화물인 녹말과 전분에 대해 이야기하고 넘어가자면, 녹말은 원래 물에 불린 녹두를 갈아 얻은 앙금을 이르는 말이었으나 의미가 확장되어 이제는 감자, 고구마, 카사바 등에서 얻은 것도 녹말이라고 한다. 전분 역시 엽록소가 저장한 영양분을 가라앉힌 뒤 말려서 얻은 가루라는 뜻이다. 그러니까 둘 다 같은 말이나, 과학 교과서에서는 녹말을, 영양학 분야에서는 전분을 쓴다. 인간은 종속 영양 생물이라 탄소, 산소, 수소로 이루어진 탄수화물을 먹어야만 신진대사를 유지할 수 있다. 그래서 떡볶이를 먹을 수밖에 없다.

떡볶이의 주인공은

떡!

끈기가 중요한 떡

2

멥쌀로 빚어낸 행복

떡볶이에서 가장 중요한 재료인 떡은, 쌀로 만든다. 쌀을 물에 불려 갈아서 찐 뒤 이것을 치대면 탄력 있는 떡이 된다. 쌀의 주성분은 아밀로스와 아밀로펙틴으로 알려진 녹말이다. 아밀로스는 수천 개의 포도당이 일렬로 늘어선 거대한 분자로 포도당 6개가 연결될 때마다 한 바퀴 도는 나선형 구조를 가지고 있다. 아밀로스는 아이오딘과 반응해 청색으로 변하는데, 이 반응을 보고 녹말의 유무를 판단한다. 아밀로펙틴 역시 수천 개의 포도당이 연결되어 있으며 나뭇가지 모양으로 생겼다. 밥을 치대면 끈기가 생기는 것은 아밀로펙틴 때문이다.

보통 밥으로 먹는 멥쌀은 아밀로스와 아밀로펙틴의 함량이 2:8 정도이나 찹쌀에는 아밀로스가 거의 없고 아밀로펙틴 함량이 매우 높다. 그래서 찹쌀로 만든 떡은 떡볶이떡으로 적합하지 않다. 가열했을 때 지나치게 늘어나고 풀어지기 때문이다. 떡볶이떡으로 쓰이는 가래떡은 멥쌀가루를 익혀 으깨고 부수어 동그란 틀에 아주 강한 압력으로 밀어붙여 긴 원통형으로 만든 떡으로, 원통의 지름에 따라 떡볶이 양념이 배어드는 시간이 다르다. 당연히 가는 떡이 무게 대비 표면적이 넓어 양념이 잘 밴다.

누가 밀떡이고
누가 쌀떡일까?

밀떡파 vs 쌀떡파

3

쫄깃한 라이벌

◇◇◇◇◇◇◇◇◇◇◇◇◇◇◇◇◇◇◇◇◇◇◇◇

탕수육에 '부먹파'와 '찍먹파'의 대결이 있다면 떡볶이에는 밀떡파와 쌀떡파가 있다. 밀떡은 밀가루로 반죽을 해서 가래떡 모양으로 뽑은 것이다. 밀가루에 물을 넣고 치대면 글루테닌과 글리아딘이 서로 엉겨 붙고 그 사이에 녹말 입자가 끼어들어 글루텐을 형성하면서 끈기가 생긴다. 여기에 소금을 넣으면 글루테닌의 결합이 치밀해져 반죽은 더욱 쫄깃하고 단단해진다. 이 과정에서 플라보노이드 색소를 자극해 반죽은 노란색으로 변한다. 소금 대신 소다를 넣으면 떡은 훨씬 단단해지고 색은 더욱 진한 노란색이 된다.

이렇게 만들어진 밀떡은 쌀떡보다 단단해 오래 끓여도 풀어지지 않기 때문에 많은 양의 떡볶이를 만들어 놓고 판매할 때 매우 유용하다. 밀은 쌀보다 싸고 밀떡으로 만든 떡볶이는 오래 두어도 붇지 않으니 쌀떡과 비교했을 때 유리한 점이 많다. 간혹 밀떡으로 만든 떡볶이를 먹고 이가 그냥 쑥 들어가고 탄성이 하나도 없다는 평을 하는 이들이 있는데, 이것은 떡을 너무 오래 끓였기 때문이다. 떡볶이 양념에는 다량의 설탕이 들어 있는데, 설탕은 소금과 달리 글루텐 형성에 필요한 물을 빼앗아 떡을 퍽퍽하게 만든다. 아무리 탱탱한 글루텐이라도 오래 끓이면 풀어지고 설탕 앞에선 무릎을 꿇는다.

나는 중요한 조연.

떡보다 어묵?

4

어묵이 조연으로 남아야 하는 까닭

어묵의 주재료는 미국이나 동남아시아 지역에서 수입해 온 냉동 연육이다. 연육은 갈치, 조기, 노가리, 밴댕이, 쥐치, 실꼬리돔, 매퉁이 같은 흰살 생선에 2~3퍼센트의 소금, 적당량의 설탕, 소르빈산 계열의 보존료를 섞은 뒤 갈아 으깨서 풀 상태로 만든 것이다. 이를 고기풀이라 하고, 고기풀을 튀긴 것이 어묵이다. 소르빈산은 인체에 해가 적다고 알려진 보존료로 원래 자연에 존재하던 물질이다. 과학자들이 1900년대에 실험실에서 인공적으로 소르빈산을 합성하는 데 성공했고 이 또한 식품 보존료로 효과가 있다는 것이 증명되어 가공식품에 널리 쓰이게 되었다.

소르빈산 계열의 보존료로는 소르빈산 칼륨과 소르빈산 칼슘이 있는데, 하루 섭취 권장량은 몸무게 1킬로그램당 25밀리그램으로, 체중이 60킬로그램인 사람은 어묵 40장을 먹어야 채울 수 있는 양이다. 하지만 소르빈산은 햄, 치즈, 포도주 등 다양한 가공식품에 쓰이기 때문에, 하루 동안 먹은 양을 합하면 생각한 것보다 많다. 소르빈산이 인체에 해가 적은 것은 사실이나 무해한 것은 아니라는 점을 기억할 필요가 있다. 그러니 어묵은 딱 1인분만 먹기로 하자. 그렇게 할 수 있다면!

물만으로는 어림없다.

비법이 담긴 육수

5

비결은 농축된 정성

요리 좀 한다는 사람들의 공통적인 의견에 따르면 떡볶이를 맛있게 만드는 비결은 국물, 곧 육수에 있다. 인스턴트 떡볶이 겉봉투에 적힌 레시피를 보면 '물 200밀리리터를 붓고'라고 간단히 쓰여 있지만, 제조업자들은 물에 넣을 액상 스프의 바탕이 되는 육수를 만드느라 고생깨나 했다. 집에서 고추장과 설탕과 물엿을 아무리 조화롭게 넣어도 사서 먹는 것과 같은 맛이 나지 않는 이유는 다양한 아미노산에서 나오는 감칠맛이 없기 때문이다. 요리사들은 생수 통이나 수도꼭지에서 바로 나온 물을 쓰지 않는 것이다.

육수는 보통 닭이나 멸치를 고아서 만든다. 단백질이 풍부한 닭의 가슴살, 다리살에서는 감칠맛을, 뼈와 껍질에서는 입 안에 얇게 발리는 기분 좋은 점성을 얻을 수 있다. 근육에서 나온 아미노산과 뼈와 껍질에서 나온 젤라틴이 더해져 완벽한 국물이 된다. 멸치와 다시마를 끓여도 이와 같은 조합을 얻을 수 있다. 물론 이렇게 국물을 내는 데는 시간이 많이 필요하므로 누군가 이 복잡한 과정을 거쳐 만들어 둔 것을 써도 된다. 닭 육수를 졸여 주사위만 한 크기로 만든 '치킨스톡'을 쓰면 떡볶이 맛이 훨씬 좋아진다.

고추장 없는 떡볶이
의미 없다, 의미 없어.

핵심은 고추장

6

균들이 알아서 할 거야

고추장 담그기의 시작은 메주를 만드는 것이다. 우선 대두를 물에 불려 푹 삶은 뒤 찰기가 나도록 찧어 벽돌 모양으로 만든다. 이것을 짚으로 묶어 따뜻한 곳에 두면 누룩곰팡이와 바실루스균이 콩의 단백질을 아미노산으로 분해해 구수한 맛이 나도록 한다. 누룩곰팡이는 콩에 있는 녹말을 분해하기 때문에 단맛도 낸다. 이와 같은 과정을 발효라고 한다. 그런데 공기 중에는 잡균이 많기 때문에 자칫 온도와 습도가 잘 맞지 않으면 발효 과정에서 원하지 않는 맛이 생겨나기도 한다. 그러면 그해의 메주는 맛이 없고, 당연히 메주로 만드는 간장, 된장, 고추장도 맛이 없다.

균들이 열심히 단백질과 녹말을 분해해 구수한 냄새가 나면, 메주를 잘 말리고 빻아 가루로 만든다. 여기에 보리나 쌀 등 탄수화물이 많은 곡식으로 밥을 지어 섞고 고춧가루를 아주 곱게 갈아 넣고 마지막으로 단맛과 점도를 좋게 하는 조청을 넣어 버무리면 사람이 할 일은 끝난다. 이제 양지 바른 곳에서 숙성시키며 균들이 다시 한번 녹말과 단백질을 열심히 분해해 주길 기다리면 된다. 고추장은 그렇게 완성된다. 그러니까 고추장 떡볶이를 먹을 때는 균들에게 감사의 마음을 갖는 것이 좋겠다.

너희가 아무리 노력해도
나 설탕을 거부할 수는 없어!

7

달다고 다 같은 맛이 아니다

떡볶이에 설탕을 넣는 것과 물엿을 넣는 것의 차이는 크다. 둘 다 단맛을 내지만 똑같은 단맛은 아니기 때문이다. 설탕은 사탕수수나 사탕무를 압착해서 얻은 수액을 펄펄 끓여 수분을 날려 버리고 결정으로 남은 고체를 갈아서 가루로 만든 것이다. 설탕은 수크로스 분자로 이루어져 있고, 이는 단당류인 포도당과 과당이 결합한 이당류다. 설탕을 먹으면 위에 있는 산이나 소화 효소에 의해 포도당과 과당의 결합이 단번에 깨지고, 바로 혈액에 녹아들어 세포에 에너지를 신속하게 공급한다. 그래서 단것을 먹으면 힘이 나는 것이다. 사람의 혈액에는 0.1퍼센트 농도로 포도당이 들어 있는데, 혈당이 높아지면 넘치는 포도당을 간과 근육에 글리코겐으로 저장해서 항상 0.1퍼센트를 맞춘다.

물엿의 단맛은 엿당이 낸다. 엿당은 맥아당이라고도 불리며 단당류인 포도당 두 분자가 결합한 것이다. 보리 싹을 말려 부순 것을 엿기름이라고 하는데, 여기에는 녹말을 분해하는 효소인 아밀레이스가 들어 있다. 엿기름물에 밥을 섞어 따뜻한 곳에 두면, 아밀레이스가 밥의 녹말을 분해해 엿당을 만든다. 이것이 식혜다. 밥알을 걸러 내고 식혜를 큰 솥에 부어 졸이면 갈색의 끈끈한 액체로 변하는데, 이것이 조청 곧 물엿이다. 물엿은 설탕과 다른 분자로 되어 있어 종류가 다른 단맛을 내고 떡볶이를 더욱 맛있게 만든다. 그래서 더 많이 먹게 된다.

태생부터 케첩이야.

특별한 토마토로 만든 케첩

8

케첩으로 정해진 운명

인기 있는 요리인들의 떡볶이 레시피를 들여다보면 소량의 토마토 케첩을 넣는 경우가 종종 있다. 토마토는 남아메리카가 원산인 가지목 가지과에 속한 한해살이풀로, 꽃잎이 다섯 장인 노란 꽃이 피고 열매는 리코펜이 풍부해 붉은색을 띤다. 생으로 먹는 토마토와 케첩을 만드는 토마토는 속부터 다르다. 우리가 보통 생으로 먹는 토마토는 안쪽이 푸르고 신맛이 강해 케첩을 만들기에 적당하지 않다. 그래서 미국의 유명한 토마토케첩 회사는 케첩용 토마토를 품종 개량해 전용 농장에서 키운다.

리코펜이 많아 속까지 붉은 토마토를 사용해야 붉은색 주스를 만들 수 있고, 그래야 먹음직한 케첩이 된다. 또 단맛과 감칠맛을 내는 글루탐산이 많아야 설탕이나 감미료가 덜 필요하다. 그래서 케첩 회사는 속까지 붉고 단맛이 강한 '플럼 토마토'를 키워 주스와 케첩으로 만든다. 그러나 이런 노력에도 불구하고 플럼 토마토의 단맛과 감칠맛으로는 부족한지 케첩 회사는 케첩에 설탕과 나트륨을 아주 많이 넣는다. 그래서 케첩을 떡볶이에 넣으면 조미료를 쓴 효과가 나타나는 것이다. 케첩을 뿌리면 맛있는 이유는 여기에 있다. 감자튀김도, 햄버거도!

작지만
나도 양배추야.

달달하고 단단한 양배추

9

수학적으로 맛있어!

떡볶이 고수들은 떡볶이와 가장 잘 어울리는 야채로 양배추를 꼽는다. 양배추는 익으면 단맛이 강해지고, 배추처럼 물러지지 않으면서 독특한 맛을 내기 때문이다. 맵고 짠 떡볶이를 먹을 때 양배추를 곁들이는 것은 건강을 지키는 차원에서도 매우 훌륭한 선택이다. 과학자들의 연구에 따르면 양배추, 브로콜리, 콜리플라워, 방울다다기양배추 같은 십자화과 채소에는 비타민 K가 풍부한데 이는 혈액이 굳는 것을 막아 주기 때문에 뇌졸중이나 심장 마비 등을 일으키는 혈관 질환의 예방에 좋다고 한다.

방울토마토처럼 작은 방울다다기양배추는 굵고 긴 대에 줄 맞춰서 달려 있는데, 귀여운 양배추를 세로로 갈라 단면을 보면 굵은 심을 중심으로 잎겨드랑이에 더 작은 양배추들이 이미 달려 있는 것을 볼 수 있다. 이것은 임의의 한 부분이 전체의 형태와 닮은 도형인 프랙털의 좋은 예다. 솎아주기를 하지 않고 영양분이 무한대로 주어진다면, 방울다다기양배추는 사방팔방으로 똑같은 형태로 뻗어 나갈 것이다. 이 앙증맞은 양배추는 쓴맛이 심했지만 품종 개량으로 쓴맛이 많이 사라졌다. 시간이 흐르면 더 달고 맛있어질 것이 분명하다. 인간이 그런 것만 골라 심을 것이기 때문에.

어떤 재료를 넣어도
150% 맛이 나아지는
마법의 조리법, 튀김.

튀김은 필수

10

무엇이든 튀겨 보세요

떡볶이의 영원한 동반자 튀김! 고구마, 오징어, 김말이 등의 재료에 밀가루옷을 입혀 뜨거운 기름에 튀긴 음식으로, 바삭한 식감과 지방의 찰진 궁합이 일품인 간식이다. 물론 떡볶이 양념과도 너무나 잘 어울린다. 튀김은 맛을 상승시키는 마법의 조리법으로 칭송받는다. '신발도 튀기면 맛있다.'라는 말이 있을 정도다. 재료를 물에 넣고 익히면 수용성 성분이 물에 녹아나 국물은 맛있어도 원재료의 맛은 떨어지는 경우가 많다. 튀김은 이런 일을 원천 봉쇄한다. 기름에 따라 끓는점이 150~200도로 다르긴 하지만, 끓인 물로 익힐 때보다 조리 시간이 짧아 영양소도 덜 파괴된다.

뜨거운 기름에 튀김 재료를 넣으면 100도가 넘는 기름 때문에 튀김옷에 포함된 수분이 갑자기 끓어 수증기로 변하면서 밖으로 터져 나온다. 그래서 거품이 생기면서 튀김이 확 커지고 수많은 구멍 안에 끓는 기름이 들어가 더 빨리 익는다. 그 결과 튀김옷에 수분이 남아 있지 않아 바삭해지는 것이다. 그러나 150도가 넘는 기름에 튀긴다 해도 원재료에 물이 많으면 조리가 끝나고 나서 구멍에 물이 스며들어 눅눅해지고 만다. 바삭한 튀김을 먹고 싶다면 재료의 물기를 최대한 빼는 것이 중요하다.

소시지도
순대로 쳐줄까?

그러자!

11

돌고 도는 순대의 세계

떡볶이의 친구 순대! 순대는 동물의 창자 속에 소를 넣어 찌거나 삶은 음식인데, 주로 돼지 창자에 찹쌀이나 당면, 돼지 피와 다진 채소를 꽉꽉 채워 넣고 양 끝을 막아 솥에 쪄 낸다. 순대가 짙은 자주색으로 보이는 까닭은 돼지의 피에 섞인 헤모글로빈 때문이다. 산소 호흡을 하는 척추동물은 산소를 세포 기관에 전달하기 위해 대부분 헤모글로빈을 따로 모은 적혈구를 가지고 있다. 헤모글로빈은 매우 복잡하게 생긴 거대 분자로 산소와 강하게 결합하는 철이 4개 포함되어 있어 산소 4개와 결합한다.

여기서 재미난 사실 하나는 적혈구 1개 속에는 2억 8,000만 개 정도의 헤모글로빈이 들어 있지만 정작 적혈구에는 산소를 이용할 수 있는 미토콘드리아가 없어서 호흡을 하지 않는다는 점이다. 다른 세포에 산소를 열심히 날라 주지만 정작 자기 자신은 산소를 사용하지 않는 적혈구는 120일이 지나면 수명을 다해 간과 지라에서 파괴된다. 이때 철분은 다시 재활용되어 새로운 적혈구로 환생한다. 그러니 순대를 먹으면 돼지 몸의 일부였던 철분이 인간의 몸으로 옮겨 와 재활용되는 셈이다. 세상은 이런 방식으로 돌고 돈다.

인도로 모시겠습니다.

새로운 매력의 카레 떡볶이

12

떡볶이가 나아갈 길

가래떡을 간장으로 양념해 물기 없이 조리한 떡볶이를 궁중 떡볶이라고 한다. 흰떡과 소고기를 주재료로 하는 이 떡볶이는 임금님 수라상에 오르는 고급 음식이었다. 이처럼 떡볶이 조리법은 한 가지만 있는 것이 아니라 다채로운 소스를 사용할 수 있다. 이를 증명이라도 하듯 한때 짜장 떡볶이가 선풍적인 인기를 모으기도 했다. 우리는 인도의 전통 음식인 카레와 떡볶이를 결합할 수도 있다. 카레 크로켓, 카레 우동이 있는 마당에 카레 떡볶이가 없으란 법이 없다.

카레는 스튜 또는 소스라는 말로, 20여 개의 향신료를 섞은 마살라 가루를 뭉근하게 끓인 것이다. 마살라는 강황, 쿠민, 후추, 생강, 계피, 겨자, 고추 등을 가루로 내어 섞은 것으로 강황의 폴리페놀 성분 때문에 노란색을 띤다. 강황에 포함된 쿠르쿠민은 다른 분자와 친화력이 매우 커서 분자의 결합을 돕거나 방해하는 일이 잦다. 예를 들어 알츠하이머병과 관련된 물질인 아밀로이드 베타의 형성을 방해하는 것으로 알려져 있고 항암 효과도 있다는데, 아쉽게도 수용성 단백질이 아니라서 흡수율은 매우 낮은 편이다. 그러니 카레 떡볶이는 기름 떡볶이 형태로 만들자.

젖소가 토마토를 먹으면
로제소스 맛 우유가
나오지 않을까?

부드러운 로제 떡볶이

13

환상의 조화

로제소스는 원래 영국에서 감자튀김을 찍어 먹던 디핑 소스였다. 토마토소스에 마요네즈를 섞어 간단하게 만들었는데, 색이 분홍색이라 로제소스라 불리게 되었다. 지금은 토마토소스에 우유와 크림을 섞어 파스타, 리소토를 만드는 데 쓰이기도 한다. 최근 한국의 떡볶이 마니아들이 열광하는 로제 떡볶이는 고추장소스에 우유와 크림을 섞어 만든다. 기존의 떡볶이에서는 느낄 수 없던 고소함과 적당한 무게감이 매력이다.

떡볶이 마니아들은 로제 떡볶이가 유럽의 분위기를 풍기도록 두지 않았다. 여기에 넓적한 중국 당면을 추가하고 비엔나소시지를 넣고 모차렐라 치즈를 추가해 떡볶이를 통해 세계가 하나로 뭉치는 기적을 연출했다. 그러다 보니 아주 사소한 문제가 발생했다. 대부분 지방과 탄수화물로 구성된 재료들인 데다, 우유와 크림이 매운맛을 가려 1인분보다 많이 먹게 된다는 것이다. 마구 먹다 보면 한 끼에 먹는 열량이 1,000킬로칼로리를 훌쩍 넘는다. 과학자들의 계산에 의하면 7,500킬로칼로리의 열량은 지방 1킬로그램과 같다. 다시 말해 이만큼 초과해서 먹으면 체중이 1킬로그램 는다는 뜻이다. 로제 떡볶이를 즐겨 먹다가는 체중이 급격히 늘어날 위험이 크다. 그러니 일주일에 한 번만 먹자.

3장

만두

만두의 기원을 두고는 여러 이야기가 있지만 가장 잘 알려진 것은 『삼국지』에 등장하는 제갈량의 이야기다. 풍랑을 멈추기 위해 아흔아홉 사람의 머리를 놓고 제사를 지내야 한다는 이야기를 들은 제갈량이 너무 비인간적이라 여겨 사람 머리 대신 만두를 빚어 놓고 제사를 지냈다는 것이다. 하지만 **역사학자들은 국수가 실크로드를 따라 밀과 함께 전파되었듯이 만두 역시 같은 방식으로 전파되었으리라 보고 있다.** 기원이야 어찌되었든 지금은 전 세계에 만두와 흡사한 음식이 넘칠 만큼 많다. 밀가루 말고도 전분, 쌀가루 등 점성이 있고 얇게 펼 수 있는 것은 무엇이든 만두피가 될 수 있다. 또한 그 지역에서 나는 재료라면 무엇이든 만두소가 될 수 있다. **중요한 점은 만두 안에서는 모든 것이 하나가 된다는 사실이다.** 공동체 구성원들이 둘러 앉아 모두 함께 만두를 빚으면 행복한 기운이 그들을 감싸 거대한 만두피가 되고, 사람은 만두소가 되어 공동체 전체는 '행복만두'가 된다. 그러니 만두는 화합의 음식이다.

무엇이든 싸서 익히면
만두가 된다.

1

흩어지지 않도록 꽉 붙들어

만두의 구조는 피와 소로 나눌 수 있다. 피는 밀가루 속 글루텐을 주물러 탄력 있는 반죽을 만들어 얇게 편 것이다. 피는 순수한 녹말로 만들기도 하는데, 녹말은 수분을 흡수해 호화되는 과정에서 투명하게 변하기 때문에 소가 훤히 들여다보이는 재미난 만두가 된다. 새우 다진 것을 소로 쓰는 중국 광둥식 만두 샤오마이가 대표적이다. 소는 고기 다진 것, 물기를 꽉 짠 두부, 다진 야채, 녹말이 풍부한 당면이나 밀가루, 풀 역할을 해 줄 계란을 섞어 치대서 만드는 게 일반적이다. 만두는 단백질, 탄수화물, 지방이 골고루 들어간 훌륭한 음식이다.

근세포로 이루어진 고기는 자세히 살펴보면 꼭 길고 가는 전선 다발처럼 생겼다. 고기를 다지거나 가는 과정에서 세포 내에 있던 단백질인 미오신이 배어나 윤기 있고 찰기 있는 다짐육이 된다. 만두소에 들어갈 다짐육에서 중요한 것은 소금이다. 고기를 소금에 하룻밤 재워 두면 미오신이 더욱 잘 우러나고 근섬유도 단단해져 다져도 탄력이 유지된다. 다진 야채에서 나오는 물은, 만두를 찔 때 호화되는 녹말에 갇혀 빠져나오지 못하는 신세가 되고, 계란에 들어 있는 당단백질은 끈기가 있어 이 모든 것을 꽉 붙들어 흩어지지 않게 한다.

누가 새우를
거부할 수 있을까?

샤오마이의 감칠맛

2

너무 많이 먹지는 말자

샤오마이의 소로 쓰이는 새우는 특유의 향과 감칠맛을 가지고 있다. '우마미'라고도 하는 감칠맛은 인간이 느낄 수 있는 다섯 가지 맛 가운데 가장 최근에 밝혀졌다. 참고로 인간이 느낄 수 있는 나머지 네 가지 맛은 단맛, 신맛, 쓴맛, 짠맛이다. 감칠맛을 내는 것은 아미노산 계열의 글루탐산과 타우린, 뉴클레오티드 계열의 이노신산, 구아닐산 등이다. 이런 성분을 가진 생물로는 다시마, 양파, 오징어, 문어, 새우, 조개, 가쓰오부시, 말린 표고버섯 등이 있는데 주로 국물을 내는 재료들이다.

하지만 새우는 인간의 먹이가 되려고 지구상에 나타난 것은 아니다. 새우는 짠물이나 민물 어디에든 적응해서 사는 훌륭한 생물로, 머리 6마디, 가슴 8마디, 배 7마디로 이루어진 절지동물이다. 키틴으로 이루어진 단단한 껍질로 싸여 있으며, 가슴과 배에 10쌍의 부속지가 달려 있어 앞으로 헤엄칠 수 있을 뿐 아니라 배를 굽혔다 펴서 후퇴할 수도 있다. 생태계에서 매우 중요한 생물로 이들이 사라지면 수많은 바다 생물이 굶어 죽는다. 인간들이 새우를 어마어마하게 먹어 대는 데다가 새우 양식장을 만들려고 맹그로브 숲도 벤다고 하니 걱정이다. 새우도 샤오마이도 조금 덜 먹는 것이 좋겠다.

인도 음식은

인도 음악과 함께.

사모사를 즐겨

3

어깨가 들썩이는 맛

사모사는 강한 향신료를 넣은 소를 밀가루피로 싸서 기름에 튀긴 만두다. 보통 인도 음식이라 알고 있지만 1,000년도 훨씬 넘은 옛날 중동 지역에서 먹기 시작했으며 그것이 점차 퍼져 오늘날 인도를 포함해 중앙아시아, 아프리카, 남프랑스에도 그곳의 맛을 대표하는 사모사가 있다. 그럼에도 우리가 사모사를 인도 음식으로 생각하는 이유는 한국에는 아프리카나 중앙아시아 음식점보다 인도 음식점이 상대적으로 많기 때문이다. 자, 그럼 사모사를 더욱 맛있게 먹는 방법을 알아보자.

과학자들의 연구에 따르면 음식을 먹을 때 또는 구입할 때 들리는 음악과 실내 장식은, 우리가 생각한 것보다 광범위한 부분에 영향을 준다고 한다. 아코디언 음악이 나오면 프랑스 와인을 고르게 되고, 빠른 음악이 흐르면 먹는 속도가 빨라지며, 이탈리아풍의 실내 장식을 한 장소에서는 다른 메뉴가 있음에도 불구하고 파스타를 더 많이 주문한다는 것이다. 그러니 사모사가 인도 음식이라는 믿음이 있다면, 신나는 인도 음악을 틀어 놓고 사모사를 먹어 보라. 발리우드 영화에 나오는 것처럼 흥겨운 음악과 함께라면 두 배는 더 맛있을 것이다.

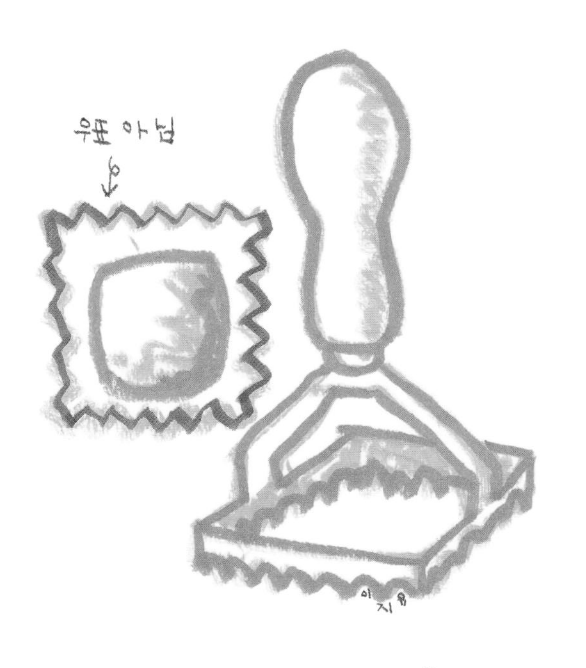

각진 아름다움

라비올리 커터기!

싹둑 자른 라비올리

4

뾰쪽뾰족 네모난 맛

이탈리아에서 나는 밀은 듀럼이라는 종으로 단백질 함량이 매우 높다. 다른 밀에 비해 반죽이 잘 늘어나면서도 단단한 성질을 가지고 있다. 그래서 가늘고 긴 면의 형태는 물론이고, 나선 모양으로 꼬거나 나비 모양으로 가운데를 눌러도 형태를 잘 유지한다. 그 덕분에 우리는 다양한 모양의 파스타 면을 즐길 수 있는 것이다. 이렇게 만든 면을 말려 건면을 만들면 익히는 데 시간이 많이 필요하다. 보통의 밀로 만든 국수는 5분이면 먹기 좋은 상태가 되지만 파스타 면은 9분 넘게 끓여야 익는다. 글루텐의 함량이 높아 그물 구조가 더욱 치밀하기 때문이다.

듀럼밀로 생면을 만들 때는 물 대신 계란으로 반죽한다. 계란을 넣으면 글루텐 형성이 원활하지 않기 때문에 질기지 않고 부드러운 반죽을 만들 수 있다. 이탈리아식 만두인 라비올리를 만들 때는 반죽을 커다랗게 민다. 그 위에 치즈나 견과류, 고기나 과일, 채소 등으로 소를 만들어 구슬 크기로 떠서 일정한 간격으로 놓은 뒤, 그 위에 또 다른 반죽 편 것을 덮고 소가 잘리지 않도록 네모나게 자른다. 그런 다음 포크로 가장자리를 눌러 봉합한다.

쌀가루 반죽으로

만든 만두, 짜조.

바삭한 짜조

5

쌀로 만들면 더 맛있어

짜조는 베트남 음식으로 쌀가루로 만든 반 트랑, 즉 라이스페이퍼에 야채, 새우, 고기 등을 싸서 기름에 튀긴 만두다. 베트남은 날이 덥고 습해 벼처럼 물이 많이 필요한 곡식을 키우기에 알맞다. 우리나라는 1년에 딱 한 번 벼를 수확하지만 베트남에서는 기본이 이모작이다. 밀보다 쌀을 구하기 쉬우니 당연히 반 트랑도 쌀가루로 만들어 왔다. 하지만 최근에는 재료비가 더 저렴한 타피오카 녹말을 많이 쓴다고 한다. 타피오카 녹말은 카사바의 알뿌리를 갈아 앙금을 가라앉혀 만든 것으로 무색, 무미, 무취라 다양한 요리의 재료로 활용된다. 밀크티에 넣어 먹는 펄의 재료이기도 하다.

전통적으로 반 트랑을 만드는 방법은 크레페를 만드는 방식과 비슷하다. 다른 점이 있다면 프라이팬이 아니라 천을 이용한다는 것이다. 커다란 솥 위에 천을 팽팽하게 고정시키고 물을 끓인다. 천 위에 물에 갠 쌀가루나 녹말을 얇고 동그랗게 펴면 수증기로 익는다. 익은 반죽을 잘 거두어 체에 널어 말리면 짜조와 월남쌈의 재료인 반 트랑 완성! 짜조를 튀길 때는 녹말이 지나치게 물러져 서로 들러붙을 수 있으니 주의해서 튀겨야 한다!

폴란드의 만두.
나라는 달라도 모습은 비슷.
만두의 수렴 진화.

김치 맛 피에로기

6

동유럽에서 만난 김치만두

폴란드의 전통 음식으로 알려진 동유럽 만두 피에로기. 반원형에 밀가루 반죽 두 겹이 붙은 곳의 프릴 주름까지 우리나라 만두와 놀랍도록 비슷하다. 조리법도 찌고 굽고 튀기는 등 유사하다. 피에로기의 피는 밀, 쌀, 옥수수, 호밀, 메밀 등 거의 모든 곡식을 가루로 내서 만들고, 소는 야채, 치즈, 과일, 고기 등 먹을 수 있는 것은 다 넣는데, 소에는 양배추를 발효시킨 사워크라우트를 넣기도 한다. 신맛 나는 양배추라는 뜻을 지닌 사워크라우트는 독일과 인근 지역에서 오래전부터 먹어 오던 양배추김치다.

만드는 방법은 김치를 담그는 것과 비슷하다. 양배추를 채 썰어 큰 통에 담은 뒤 소금, 월계수잎, 회향풀을 넣는다. 무거운 돌로 뚜껑을 눌러 공기와 접촉하는 것을 막고 기다린다. 나머지는 산소를 싫어하는 혐기성 균인 유산균과 효모균이 알아서 한다. 균이 양배추의 당을 분해해 젖산으로 만들어 통 전체를 산성으로 유지하면 잡균이 번식하지 않아 부패하지 않는다. 한편 소금에 들어 있던 마그네슘은 양배추의 세포벽을 단단하게 만들어 아삭아삭 씹히는 맛이 생긴다. 그러니 사워크라우트가 들어간 피에로기는 우리의 김치만두와 비슷한 것이라 볼 수 있겠다.

пельмéни
냉동 만두의 원조
펠메니.

든든한 저장 음식 펠메니

7

일하다가 잠깐 냉동 만두

러시아인들이 즐겨 먹어, 러시아를 여행하는 사람이라면 누구나 먹게 되는 러시아식 만두 펠메니는 사실 냉동 저장 음식이다. 온대와 툰드라 사이에 위치한 타이가에는 침엽수림이 있는데 생태계가 잘 조성되어 있어 옛날부터 사냥꾼들이 사냥을 하러 다녔다. 드넓은 지역으로 사냥을 나가면 며칠 또는 몇 주씩 야외에 머물러야 하므로 오래 지니고 다녀도 상하지 않을 저장 음식이 필요했는데, 그것이 바로 얇게 편 밀가루 반죽에 고기, 야채, 버섯 등을 넣은 펠메니였다. 타이가 지역은 곳에 따라 1~3개월 정도인 여름을 제외하면 줄곧 영하의 날씨가 지속된다. 따라서 사냥터가 모두 천연 냉장고인 셈이다. 그 옛날 러시아 사냥꾼들은 펠메니를 물에 끓이고 거기에 버터나 베이컨을 얹어 먹으며 추운 겨울을 이겨 냈다.

음식을 차가운 곳에 저장하는 이유는 뭘까? 그 이유는 온도가 10도 올라가면 반응 속도가 두 배로 빨라지는 아레니우스의 법칙 때문이다. 거꾸로 온도가 10도 내려가면 화학 반응 속도가 1/2로 떨어지고, 20도 내려가면 1/4, 30도 내려가면 1/8로 떨어진다. 당연히 식품 속에 있는 미생물의 활동성도 떨어져 음식이 쉽게 상하지 않는다. 미생물의 내부 화학 반응 속도도 떨어지기 때문이다. 영구 동토층에서 발견된 동물의 사체가 멀쩡한 것도 이 때문이다.

옥수수 반죽으로 만든 만두,

엠파나다.

8

간장 대신 과카몰리

엠파나다는 스페인어를 쓰는 거의 모든 나라에서 만들어 먹는 스페인식 만두다. 반죽을 할 때 밀가루에 버터를 넣기 때문에 굽거나 튀기면 만두 모양 파이를 먹는 듯한 느낌이 든다. 남아메리카에서는 반죽할 때 옥수수가루를 쓰고, 소스로는 살사와 과카몰리를 곁들인다. 과카몰리 소스의 주재료인 아보카도는 열대 지방에서 나는 과일로, 칼로 껍질을 벗겨 잘라 놓으면 사과, 바나나, 감자처럼 갈변한다. 그 이유는 카테콜이라는 페놀 화합물 때문이다.

카테콜은 평소에는 가만히 있다가 산소를 만나면 퀴논이라는 멋진 이름의 화합물로 변한다. 퀴논은 아미노 화합물과 반응을 해 멜라닌을 만들어 낸다. 그렇다. 햇빛에 얼굴을 검게 만드는 바로 그 멜라닌이다. 이를 막는 방법은 카테콜이 산소와 화합하지 못하게 하는 것이다. 레몬의 비타민 C는 카테콜이 산소와 결합하는 것을 방해하고, 식초는 산성 환경을 만들어 산화 효소를 무력화시킨다. 그래서 실력 있는 요리사들은 과카몰리에 레몬, 라임, 식초를 넣는다. 그래서 과카몰리 소스는 살짝 신맛이 난다.

동물은 지방을 좋아해.

샤오롱바오의 육즙

9

입 안을 감싸는 맛의 정수

샤오롱바오는 지방이 적당히 포함된 돼지고기를 다지고 갖은 양념을 해서 밀가루피에 넣은 뒤 보자기 모양으로 싼 중국식 만두다. 뜨거울 때 먹어야 그 맛을 제대로 느낄 수 있는데 만두피를 조금 찢어 안에서 흘러나오는 육즙을 호로록 마신 뒤 초생강을 곁들여 먹으면 일품이다. 요리사들은 육즙에 적당량의 녹은 지방이 포함되도록 만두를 빚을 때 작은 지방 덩어리를 하나씩 넣는다. 이 지방은 돼지고기에서 나온 것이다. 왜 그러는 걸까?

과학자들은 인간에게 지방의 맛을 느끼는 수용기가 있는 것 같다고 추측은 하나, 아직 자세한 작용 원리를 밝혀내지는 못했다. 그러나 확실한 것 한 가지는, 인간은 지방이 온 입 안을 감싸는 부드러운 느낌을 좋아한다는 점이다. 이는 수렵 생활을 하던 시절부터 가져온 감각이라고도 볼 수 있는데, 지방은 우리 몸에 꼭 필요한 영양소이기 때문이다. 그러니 우리가 샤오롱바오를 즐겨 먹는 이유는 따뜻하게 녹은 지방이 입 안을 부드럽게 감싸면서 음식을 부드럽게 씹을 수 있도록 환경을 조성해 주는 그 자체가 좋아서일 것이다. 일단 과학자들이 지방 맛을 느끼는 수용기를 찾을 때까지는 그렇게 알고 있는 것이 좋겠다.

4장

휴게소

버스나 승용차를 타고 떠나는 여행을 하다 보면 은근히 기다려지는 순간이 있다. 바로 휴게소에 들르는 때다. 우리나라에는 7개의 고속 도로가 있고 상행, 하행 모두 합해 얼추 250여 개의 휴게소가 있다. 날마다 한 곳씩 가도 주말을 제외하면 거의 1년이 걸린다.

휴게소에는 그 지역에서만 나는 특산품을 파는 상점이 있고, 그 지역에서 나는 재료로 구성된 식사 메뉴도 있다. 대관령휴게소의 초당 두부 황태 해장국이나 서산휴게소의 어리굴젓 백반 등이 대표적이다. 휴게소를 자주 들르는 사람들은 소셜 미디어를 통해 어느 휴게소의 어떤 음식이 특히 맛나더라는 정보를 공유하기도 한다. 호두과자, 통감자, 소떡꼬치, 아이스 아메리카노 등 휴게소에 가면 반드시 먹어야 할 것 같은 간식들이 있다. **왜 휴게소가 아니면 그 맛이 나지 않는 걸까?**

안성의 명물
호두과자.

기다림의 끝에 호두과자

1

호두는 거들 뿐

◇◇◇◇◇◇◇◇◇◇◇◇◇◇◇◇◇◇◇◇

호두과자는 특히 천안휴게소의 명물인데, 그 이유는 고려 말에 우리나라 최초의 호두나무를 천안 광덕면에 심었기 때문이다. 호두를 수확하려면 나무를 심은 뒤 10년에서 20년을 기다려야 한다. 열매가 열리기까지 시간이 많이 필요하기 때문에 호두나무는 자신을 지키기 위해 타닌이 많은 잎을 만든다. 타닌 성분 때문에 낙엽이 진 후에도 벌레들은 호두나무를 피한다. 이를 간파한 농장주들은 거름으로 모아 둔 가축의 똥 무더기 옆에 호두나무를 심기도 한다.

호두에는 오메가3 지방산과 불포화 지방산이 60퍼센트나 들어 있어 동물과 사람에게 매우 인기 있다. 호두가 많이 나는 곳에서는 호두를 쪄서 기름을 받는데, 향이 매우 좋아 무침용으로 맞춤이다. 영하 22도가 되어도 굳지 않아 냉장고에 두거나 겨울철 실외에 보관해도 문제없다. 호두 기름은 산소와 결합해 얇은 막을 형성하며 굳는 건성유라 목공예품의 방수 처리에도 쓴다. 물론 좋은 만큼 아주 비싸다. 이렇게 좋은 호두이지만 많이 먹으면 체중 증가를 막을 수 없다. 그래서 호두과자에는 호두가 눈곱만큼 들어 있는 것이다. 그렇게 믿는다.

소떡지토 꼬치.

완벽한 만남 소떡꼬치

2

맛이 없을 수 없는 조합

소시지와 가래떡을 번갈아 꼬치에 꿰고 각종 소스를 발라 구운 소떡꼬치가 인기다. 달콤한 소스를 발랐으니 당연히 맛있다. 그런데 진짜 맛있는 소떡꼬치는 소시지가 아닌 정통 햄을 잘라 끼워 구운 것이다. 햄은 돼지 다리를 통째로 말리고 훈제해서 숙성시킨 저장 음식이다. 덩어리 고기에 소금을 듬뿍 발라 무거운 것으로 눌러 몇 주 두면 삼투압으로 고기 표면 세포의 물기가 빠지고 표면이 단단해진다. 이를 잘 씻어 말린 뒤 나무를 태우면서 연기를 쏘인다.

나무를 태우면 세포벽을 형성하는 리그닌 분자가 다양한 분자로 쪼개지는데, 이때 나오는 방향성 유기 화합물 시링골이 고기 표면에 들러붙으면서 훈제향이 배어든다. 동시에 고기에 피막을 형성한다. 이렇게 바깥 공기와 완벽하게 차단된 고기 내부는 산소와 접촉하지 않은 상태에서 서서히 단백질이 분해되어 맛있는 햄이 된다. 바람이 잘 통하는 곳에 걸어 둔 햄은 칼을 대고 망치로 내려쳐야 자를 수 있을 정도로 단단해진다. 이렇게 잘 익은 햄을 떡과 함께 꼬치에 끼워 구우면 맛이 없을 수 없지 않은가!

입이 쥐를 닮았네,

쥐치.

3

쥐치가 떠난 이유를 곱씹으며

복어목 쥐치과에 속한 쥐치를 포로 떠서 말린 것을 쥐포라고 한다. 우리나라 근해에서 많이 잡히는 것은 말쥐치로, 이것 말고도 생쥐치, 별쥐치, 그물코쥐치 등 종이 많다. 주둥이가 쥐처럼 작아 쥐치라는 이름이 붙었는데, 쥐치잡이용 낚싯바늘이 따로 있을 정도로 덩치에 비해 입이 작다. 그래서 어부들은 낚싯대 대신 그물로 쥐치를 잡는데, 성체가 된 쥐치는 바다 밑바닥에 주로 서식하기 때문에 저인망 어선이 바다 밑을 긁어 잡는다. 바다 생태계에 좋지 않은 방법이다.

기후 변화로 우리나라 근해의 표면 수온은 올라갔으나 쥐치가 사는 100미터 깊이의 바다 온도는 오히려 낮아졌다. 물은 대류 현상을 통해 열이 위아래로 섞이는데, 수면이 더 따뜻하면 물이 하강하지 못하고 열이 아래로 내려오지 않는다. 따뜻한 물을 좋아하는 쥐치는 우리나라 바다를 떠나 중국의 동쪽 해안으로 남하했다. 그 탓에 1990년대 이후 우리나라에서는 쥐치가 잘 잡히지 않아, 대부분 동남아에서 수입해 온다. 요즘 우리나라 근해에 해파리가 많아진 이유를 쥐치의 부재에서 찾는 학자들도 있다. 해파리는 쥐치가 아주 좋아하는 먹이이기 때문이다.

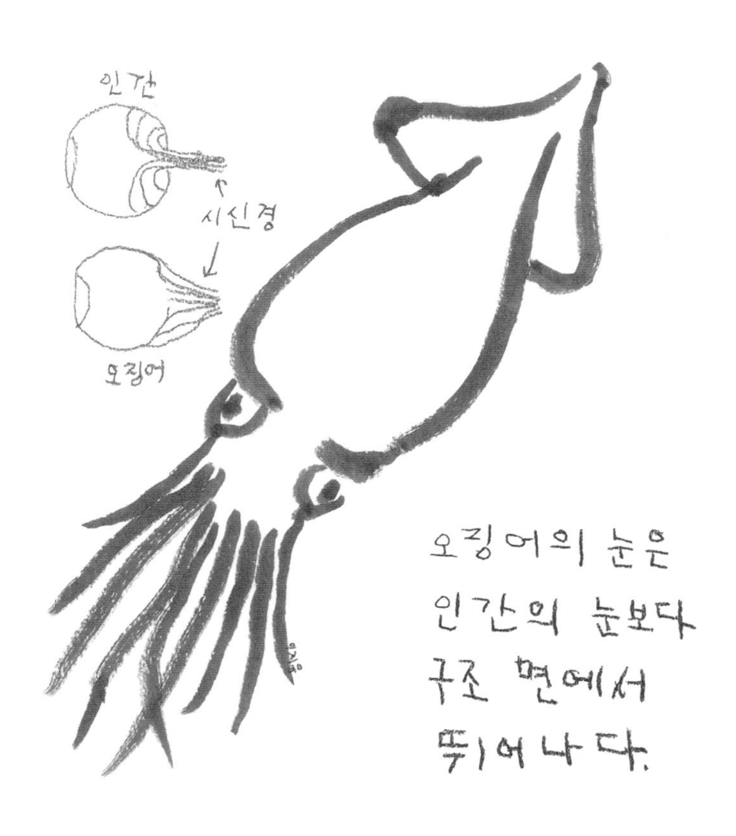

바쁘게 움직이는 오징어의 눈

4

오징어가 세상을 이해하는 법

오징어는 두족강 곧 머리에 다리가 붙어 있고, 십완상목 곧 다리가 10개인 무리에 속한 바다 생물이다. 신진대사가 매우 빨라 많이 먹어야 목숨을 부지할 수 있어 닥치는 대로 먹으며, 먹이가 부족하면 동족도 먹는다. 등은 어둡고 배는 밝은 색이라 위에서 보고 찾아내기는 힘들다. 과학자들은 오징어를 MRI 속에 넣고 뇌신경 구조를 연구했는데 뉴런의 수가 5억 개로 개와 비슷하고, 2억 개에 불과한 쥐보다 월등히 많았다. 뇌신경의 60퍼센트는 시각 정보 처리 담당으로 주변 환경을 파악해 그와 비슷한 색과 질감으로 피부를 변형시키는 놀라운 위장술을 가지고 있다.

시신경 다발을 안구 안에서 모아 밖으로 빼내는 인간과 달리, 오징어의 시신경 끝은 안구 안쪽을 향하고 다발은 원래부터 안구 밖에 위치해 인간보다 훨씬 나은 구조를 가지고 있다. 인간의 시신경에는 맹점이 있고 여기에 초점이 맺히면 그 물체를 볼 수 없다. 별을 똑바로 쳐다보면 잘 보이지 않는 이유는, 별빛이 맹점에 모이기 때문이다. 그래서 별의 살짝 옆을 보아야 별이 보인다. 하지만 오징어의 안구엔 맹점이 없다. 이렇게 시각 능력이 월등하고 화려한 색을 자랑하는 오징어는 정작 색맹이다. 이와 같은 사실을 종합할 때, 오징어는 우리가 이해하지 못하는 새로운 방식의 지능을 가지고 있음이 분명하다.

감자는 탄소, 질소, 산소, 수소로
전분과 단백질을 만들어
지구 생물을 먹여 살린다.

5

모든 지구인은 감자에게 감사할 것

휴게소에서 파는 통감자는 알이 작은 삶은 감자를 기름에 지져 마이야르 반응을 일으킨 것으로, 삶기만 한 감자에서는 맛볼 수 없는 감칠맛이 있다. 조리 과정에서 감자에 있던 방향족 화합물인 피라진까지 녹아나 감자만이 가진 풍미를 자랑하기도 한다. 가지목 가지과 가지속에 속하는 감자는 페루가 원산지이며 세계에 7,000종이 있다. 놀랍게도 토마토와 유전적으로 가까워, 접을 붙이면 땅속에는 감자가, 땅 위에는 토마토가 달리는 '톰테이토'를 만들 수도 있다.

지구인들은 한 해에 4억 톤의 감자를 수확해서는 식량, 동물 사료, 산업용 원료로 쓴다. 대서양을 건너온 감자가 유럽인을 굶주림에서 구했고, 지금도 수많은 사람들이 감자로부터 당과 단백질을 얻는다. 에탄올을 만드는 데도 쓰이고, 아밀로펙틴이 풍부한 감자를 개량해 그 녹말로 종이를 만들기도 한다. 이 모든 현실을 생각할 때, 감자가 없었으면 인류가 어떻게 살고 있을까 싶다. 이를 기리기 위해 UN은 2008년을 세계 감자의 해로 정해 감자를 칭송했고 스위스에선 기념우표도 만들었다. 어떤가, 휴게소 통감자가 달리 보이지 않는가?

옥수수는 어디에서 왔을까?

6

어디에나 옥수수가 있다

옥수수는 남아메리카가 원산지인 곡물이다. 원조로 알려진 테오신테는 갈대 끝에 옥수수알 5~6개가 붙어 있는 모양이라 누가 알려 주지 않으면 옥수수의 조상인지 알아볼 수 없을 정도다. 벼, 밀과 함께 3대 곡물로 대접받는 옥수수는 이산화탄소가 부족해도 광합성을 하는 놀라운 능력이 있어, 알곡 하나로 수확하는 비율이 벼나 밀보다 높다. 옥수수는 녹말은 풍부하지만 필수 아미노산인 트립토판, 라이신이 부족한 불완전 단백질 식품이다. 그래서 옥수수를 먹을 때는 우유, 콩과 함께 먹으면 좋다.

해마다 10억 톤이 넘는 옥수수가 생산되나 인간이 먹는 양은 아주 적다. 대부분은 가축 사료와 에탄올을 만드는 데, 나머지는 액상 과당을 만드는 데 쓰인다. 고과당 옥수수 시럽이라 불리는 액상 과당은 옥수수의 포도당 중 일부를 과당으로 바꾸어 무색무취의 진한 단맛이 나도록 만든 것인데, 빵, 사탕, 요구르트, 청량음료, 과자 등 거의 모든 가공식품에 첨가물로 쓰이기에 액상 과당이 없으면 세계 가공식품 산업이 무너질 지경이다. 버터구이 옥수수를 먹고 있는 당신은 옥수수가 세계 식품 산업을 지탱하고 있다는 사실을 알고 있는가?

일이 꼬였을 때는
꽈배기를 먹는 편.

풀려라, 스트레스

7

복잡한 세상, 편하게 먹자

꽈배기는 팽창제를 넣어 반죽한 밀가루를 굴려 길게 늘인 다음 가운데를 접어 두 가닥으로 만든 뒤 꼬아서 기름에 튀긴 간식이다. 맛있는 꽈배기의 핵심은 밀가루 반죽 속 작은 기포가 끓는 기름에 들어갔을 때 잘 부푸는 것이다. 그래야 쫀득하면서도 폭신한 식감을 선사할 수 있다. 이런 꽈배기를 만들려면 팽창제가 꼭 필요하다.

팽창제는 생물과 무생물로 나눌 수 있다. 생물 팽창제는 사카로미세스 세레비시에라는 복잡한 이름을 가진 효모균으로, 반죽할 때 소량의 설탕을 넣어 주면 포도당을 분해해서 알코올과 이산화탄소를 만든다. 이 이산화탄소가 반죽 안에 기포를 형성한다. 무생물 곧 화학적 팽창제로는 중탄산나트륨 또는 중조라고도 불리는 식소다와 베이킹파우더가 있다. 식소다는 탄산나트륨과 이산화탄소와 물로 분해되어 기포를 만들지만, 탄산나트륨이 알칼리성 물질이라 쓴맛이 난다. 이러한 단점을 보완하기 위해 녹말과 탄산칼슘을 넣어 만든 것이 베이킹파우더다. 베이킹파우더는 쓴맛이 나는 탄산나트륨을 만들지는 않지만 그 대신 반응 과정이 매우 복잡하다. 하지만 무슨 상관인가, 그건 분자들이 알아서 할 건데.

와플은
오리지널이 최고!

와플은 토핑의 교차로

8

두 꿈이 만나는 곳

격자무늬 안쪽이 쑥 들어가 메이플시럽이나 딸기잼이 고이기 쉽게 생긴 와플은 초코시럽, 아이스크림, 생크림 등 다채로운 옷을 입고 달콤한 과일까지 합세해 간식의 세계는 물론 주식의 세계까지 평정하고 있다. 요리책을 살펴보면 맛있는 와플을 만들려면 반죽을 잘 만들어야 한다고들 하는데, 이건 반만 맞는 소리다. 반죽이 아무리 좋아도 격자무늬 와플이 먹음직한 갈색으로 골고루 익지 않는다면, 와플을 먹는 즐거움이 반감할 것이다.

겉은 바삭하고 속은 적당히 부드럽게 익은 맛있는 와플을 만들려면 굽는 틀이 좋아야 한다. 열전도율이 좋아 열이 빨리 퍼지면서도 금방 식지 않고 열을 유지해야 한다. 그런데 열전도율이 좋아 빨리 달구어지는 금속은 식는 속도도 빠르기 때문에 이는 이룰 수 없는 꿈과 같다. 하지만 창의적인 과학자들은, 내구성이 좋은 강철판 위에 열전도율이 좋은 구리판을 얹고 그 위에 열을 잘 품는 알루미늄을 얹고 다시 강철판을 얹은 뒤 무거운 롤러로 밀어 얇게 만든 판으로 프라이팬을 만들었다. 이런 판이라면 누구나 맛있는 와플을 구울 수 있다.

미래의 식량은
내가 책임진다!

번데기와 함께하는 길

9

곤충이 미래를 책임진다

곤충을 미래의 식량 후보로 꼽는 사람들이 많다. 곤충은 개체 수가 많고 단백질이 풍부하기 때문이다. 하지만 곤충을 먹는 데 거부감을 느끼는 사람들도 있다. 벌레와 비슷하게 생긴 새우는 먹으면서 왜 다른 벌레는 못 먹겠다는 건지 알 수 없는 일이다. 그런데 사실 이미 여러 문화권에서 곤충을 먹고 있다. 동남아시아 지역에선 메뚜기를 고소하게 볶아 간식으로 먹고, 아프리카의 강가에서는 1년에 며칠 하루살이가 구름처럼 날아오를 때 잡아 떡처럼 빚어 먹는다. 그리고 우리는 번데기를 먹는다.

곤충을 식량으로 삼아 기르는 것은 공간, 에너지, 이산화탄소 배출량 등 여러 측면에 있어서 덩치 큰 가축을 기를 때보다 효율적이다. 과학자들은 곤충을 직접 먹는 것이 불쾌하다면 사료로 만들어 가축에게 먹인 뒤 그 고기를 먹자고 제안한다. 또 곤충 가루를 곱게 갈아 과자 반죽에 넣어 줘도 새도 모르게 먹게 만드는 방법도 생각하고 있다. 그렇게 나쁘지 않을 것이다.

젊음의 상징 아이스 아메리카노?

긴 여행은 커피와 함께

10

왜 자꾸 찾게 되는 걸까?

휴게소에서 가장 인기 있는 간식은 커피다. 대부분의 사람이 휴게소에 들어와 주차하자마자 달려가는 곳이 커피 전문점이라는 이야기다. 이유는 카페인을 섭취하고 싶어서다. 장시간 운전하거나 밀폐된 차 안에 있으면 누구나 졸리다. 툭하면 커피를 찾는 사람들은 스스로 카페인에 중독되었다고 말하지만, 그것은 오해다. 카페인은 중독성이 없다. 다만 피곤하다는 사실을 느끼지 못하게 해 줄 뿐이다.

뇌에 있는 신경 세포 끝에는 신경 전달 물질인 아데노신이 분비된다. 아침에는 아데노신이 별로 없지만, 깨서 활동하는 시간이 길어질수록 아데노신이 쌓여 수용기에 붙는다. 아데노신이 많이 붙으면 피로 물질이 분비된다. 그러면 뇌는 피로하다고 느껴 신체의 전반적인 기능을 떨어뜨려 쉬도록 만든다. 카페인은 아데노신과 비슷하게 생겨서 아데노신 대신 수용기에 들러붙지만 아무런 전기 신호를 만들지 않는다. 그래서 뇌가 피로하다는 사실을 모르게 한다. 하지만 우리 몸은 뭔가 이상하다고 판단해 아데노신 수용기를 더 많이 만든다. 그러다 어느 날 커피를 마시지 않으면 진짜 아데노신이 그 많은 수용기에 달라붙기 때문에 엄청난 피로를 느낀다. 그래서 커피를 찾게 되는 것이다. 다행히 커피를 적게 마시면 수용기의 수는 다시 줄어든다. 그래서 중독성이 없다고 하는 것이다.

5장

영화관

팝콘과 콜라 없는 영화관을 상상할 수 있는가? 팝콘이 내뿜는 고소한 향이 관객을 불러 모은다는 사실을 안 영화관 관계자들은 일부러 버터향, 캐러멜향이 진한 팝콘을 만들어 판다. 이는 얼핏 극장이 팝콘을 팔아 수익을 얻으려는 목적으로 보이지만 그들은 더 큰 그림을 그린다.

인간의 후각은 단순히 냄새를 맡는 데 그치지 않고 다양한 기억을 불러일으키는 역할을 한다. 영화관은 친구, 가족, 연인들이 삼삼오오 몰려와 함께 영화를 보고 즐거운 추억을 쌓는 곳이다. 싸운 뒤 함께 영화를 보러 오지는 않을 테니 **영화관에 온 사람들은 모두 행복할 준비를 하고 있는 셈이다. 고소하게 피어오르는 팝콘 냄새는 바로 이런 즐거운 기억의 문을 여는 열쇠 역할을 한다.** 그래서 팝콘의 열량이 어마어마해 한 통을 다 먹으면 하루에 필요한 열량과 맞먹는다는 사실을 알면서도, 행복한 느낌을 다시 얻기 위해 고소한 냄새가 흘러나오는 영화관 입구에 들어서는 것이다.

팝콘으로 변신

1

터지는 건 순간이지만

옥수수로 만드는 팝콘은 열과 압력이 빚어내는 놀라운 간식이다. 팝콘용 옥수수는 노란 껍질로 싸인 작고 단단한 구슬처럼 생겼다. 바로 이 단단한 껍질 때문에 팝콘이 태어난다. 버터나 기름을 두른 냄비에 옥수수를 넣고 뚜껑을 닫으면, 옥수수 알맹이들이 열을 받으면서 내부에서 아주 놀라운 일이 벌어진다. 옥수수 녹말인 아밀로펙틴과 아밀로스가 열로 인해 흐물흐물 국수 가락처럼 풀어지는 것이다. 그 과정에서 생긴 작은 물방울이 분해된 녹말 사이사이에 끼어들고 옥수수는 젤리와 같은 상태가 된다.

이때 작은 옥수수알 속은 그야말로 아수라장이다. 모든 것이 뜨거워 팽창할 욕망이 들끓는데, 단단한 껍질이 꽉 싸고 있어서 이러지도 저러지도 못하는 상황이기 때문이다. 하지만 온도가 더 올라가 옥수수 안의 압력이 견딜 수 없이 커지면, 마침내 껍질이 갈라지면서 옥수수 내부의 압력이 갑자기 쑥 내려간다. 이 순간 작은 물방울이 수증기로 변하면서 내부에 수많은 구멍을 낸다. 그래서 옥수수가 갑자기 부푸는 것이다. 물론 이런 일은 너무나 순식간에 일어나기 때문에 이렇게 설명해 주지 않으면 옥수수알이 겪은 일을 아무도 모른다.

오묘한 캐러멜 반응의 세계,
한번 들어서면 탈출 불가능.

코가 먼저 반응하는 캐러멜

2

피할 수 없는 향기

예전에는 버터와 합쳐진 고소한 팝콘만으로도 모든 사람이 만족했었다. 그러나 이제는 더욱 달고 자극적인 맛을 찾는다. 치즈나 양파 맛은 물론이고, 마늘을 사랑하는 민족답게 버터 갈릭 팝콘도 인기다. 여러 맛 중에서도 으뜸은 캐러멜을 입힌 팝콘이다. 캐러멜은 설탕을 녹여 만든 간식이고, 캐러멜 반응은 마이야르 반응과 함께 요리의 풍미를 살리는 양대 산맥이다. 당과 단백질이 화학 작용을 일으켜 맛과 향을 끌어올리는 마이야르 반응과 달리, 캐러멜 반응은 당끼리 일으키는 화학 반응이다.

설탕은 포도당과 과당이 결합한 이당류인데 산을 넣으면 결합해 있던 당이 다시 분해된다. 거기에다 열을 가하면 포도당끼리 결합하거나 포도당과 과당이 다시 결합하거나 과당끼리 결합하기도 한다. 이런 물질을 캐러멜란, 캐러멜렌, 캐러멜린이라고 하는데, 이들은 또 다른 분자들과도 결합해 갈색 고체 입자를 만든다. 오래 가열하면 할수록 입자가 많아지고 갈색은 더욱 진해지며 달콤한 향은 더 깊어진다. 이 냄새를 피해 갈 수 있는 사람은 그리 많지 않다.

감자의 무한 변신.

감자칩은 진리

3

빵빵한 봉투에 관한 오해와 진실

감자칩은 감자를 얇게 썰어 물에 담가 녹말을 빼고, 건져서 물기를 말린 후 기름에 튀겨 만든다. 분노를 일으키는 장면이 나올 때 바삭함이 살아 있는 감자칩을 와자작 씹으면 영화에 훨씬 쉽게 몰입할 수 있다. 물론 주변 사람의 몰입을 방해하지 않는 선에서 말이다.

어떤 사람들은 봉투 크기에 비해 적은 양을 아쉬워하며 질소가 든 봉투를 샀더니 감자칩이 따라왔다는 농담을 하곤 하는데, 봉투가 빵빵한 데는 다 이유가 있다. 감자칩은 잘 부서진다. 그러니 충격을 방지하고 산소와의 접촉을 막을 필요가 있다. 또 감자칩은 기름에 튀긴 음식이라 햇빛을 받거나 산소에 노출되면 기름이 산화해 몸에 좋지 않은 물질로 변한다. 그래서 햇빛에 노출되는 것을 방지하기 위해 두 겹의 폴리프로필렌 사이에 알루미늄박을 넣고 붙인 포장재로 봉투를 만든다. 폴리프로필렌은 석유에서 얻은 열가소성 고분자로 탄소와 수소로만 이루어져 있어 재활용이 쉽고, 모양을 만들기 편리해 일회용 컵의 뚜껑, 기저귀, 섬유 등에 다양하게 쓰인다. 그러나 투명하기 때문에 알루미늄을 붙인다. 그래도 완벽하게 막는 것은 아니라서 개기일식이나 부분일식 때 일식 안경 대신 사용할 수도 있다. 감자칩도 먹고 일식도 보다니 일석이조의 간식 아닌가.

바삭한 껍질 토르티야.

내가 나초의 원조!

진짜 이름은 토르티야

4

해답은 가까이에

옥수수 반죽을 얇게 밀어 삼각형 모양으로 잘라 튀기고, 그 위에 치즈나 살사소스를 얹어 먹는 음식은 나초라고 알려져 있다. 사실 나초는 남아메리카 원주민들이 먹던 토르티야를 제품화한 미국 과자의 상품명이다. 나초와 토르티야 사이에는 아주 확실한 차이점이 하나 있다. 닉스타말화를 했느냐 여부다.

닉스타말화는 남아메리카 사람들이 옥수수를 조리하는 특별한 기술이다. 이들은 달구어진 석회암판에 두었던 옥수수알이 껍질도 잘 벗겨지고 소화도 잘 된다는 사실, 이른바 알칼리 공정을 발견했다. 그래서 옥수수를 염기성 용액에 담갔다 세척해서 말린 뒤 갈아 익혀서 먹었는데, 이렇게 하면 헤미셀룰로스로 이루어진 단단한 껍질이 부드러워지고, 아플라톡신 같은 독소가 사라지며, 불용성이었던 나이아신이 수용성이 되어 소화 흡수가 잘 된다. 그래서 남아메리카인들은 옥수수를 수천 년 동안 먹었지만 펠라그라병에 걸리지 않았다. 펠라그라병은 옥수수를 주식으로 삼은 사람들이 걸리기 쉬운 병으로 필수 아미노산이 부족해 생기며, 피부가 썩어 들어가고 쉴 새 없이 설사를 해 염증과 탈수로 극심한 고통에 시달리다 죽기도 하는 무서운 병이다. 유럽 사람들은 이런 사실을 모른 채 옥수수만 가져가서 수백 년 동안 피부병과 설사병으로 고생을 했다. 유럽도 석회암 지대인데!

설탕이 들어가지 않은
콜라는 진정 콜라인가?

콜라의 핵심은 무엇?

5

까매야 콜라인 건 아니다

청량음료의 대명사 콜라는 단맛, 신맛, 감칠맛, 탄산이 어우러진 세계인의 음료다. 이름이 콜라가 된 이유는 서아프리카와 인도네시아가 원산지인 콜라나무의 씨앗을 넣었기 때문인데, 이 씨앗에는 쓴맛이 나는 카페인이 다량 함유되어 있다. 콜라의 재료에 대해서는 다양한 소문이 오가는데, 캐나다 토론토에 있는 IT회사 '오픈콜라'사가 공유한 레시피를 눈여겨볼 만하다. 이 회사는 오픈 소스 소프트웨어가 어떤 것인지 설명하고 자신들의 소프트웨어를 홍보하려고 오픈콜라 페이지를 열었는데, 많은 사람이 여기에 참여해 자신이 알고 있는 콜라의 성분을 공유했다.

그래서 알아본 콜라의 재료는 다음과 같다. 식용 아라비아 검, 오렌지기름, 라임기름, 계피기름, 육두구기름, 고수풀기름, 라벤더기름, 백설탕, 캐러멜, 구연산, 카페인, 물, 그리고 탄산이다. 오픈콜라에 참여한 집단 지성이 찾아낸 콜라의 성분은 전 세계에서 만들어 시판하는 콜라의 공통 성분이라 보아도 무방하다. 그러니 각자 개성을 살려 재료를 더하거나 빼서 나만의 콜라를 만들 수도 있다. 일례로 남아메리카에서 파는 잉카콜라는 캐러멜 색소를 뺐기에 맑고 투명한 노란색인데, 맛은 놀랍게도 검은 콜라와 흡사하다.

아이스크림은
언제나 옳다.

이름 그대로 아이스크림

6

공기 반 크림 반

당연한 말이지만, 아이스크림은 크림을 얼린 것이다. 크림은 우유에서 얻은 것으로, 물에 유지방이 아주 잘 섞여 있는 유화액이다. 물과 지방은 원래 섞일 수 없다. 그런데 어떻게 크림을 만든 것일까? 우유의 단백질인 카제인 덕분이다. 카제인은 한쪽은 물과 친한 친수성 부분, 다른 한쪽은 지방과 친한 소수성 부분으로 이루어져 있다. 그래서 지방 분자가 나타나면 소수성 부분이 들러붙어 지방을 감싼다. 반대 부분은 물과 친하므로 멀리서 보면 카제인에 둘러싸인 지방 분자가 물에 잘 섞여 있는 것처럼 보인다. 이것이 크림이다. 그런데 흐르는 상태의 크림은 얼려도 부드러운 아이스크림이 되지 않는다.

크림을 흐르지 않게 하려면 어떻게 해야 할까? 크림의 부피와 같은 양의 공기를 크림 속에 넣으면 된다. 방법은 마구 휘젓는 것이다. 크림을 휘저으면 지방 방울이 깨지면서 지방들끼리 느슨하게 결합해서 그 안에 공기를 가둔다. 이때 계란 노른자에 있는 레시틴을 조금 넣으면 자력갱생하려는 지방 분자들에게 힘을 실어 줄 수 있다. 열심히 젓는 인간의 힘과 레시틴의 응원에 힘입어 크림 속에는 공기가 잔뜩 들어가고 더 이상 흐르지 않게 된다. 그 상태로 얼리면 부드러운 아이스크림이 되는 것이다. 그러니까 결론은, 아이스크림 부피의 절반은 공기다.

여름에는 레모네이드.

레모네이드가 맞을까?

7

탄산 없는 에이드

한 영화관에서 한 해 동안 에이드를 가장 많이 마신 회원에게 착즙기를 선물로 주는 이벤트를 연 적이 있다. 누가누가 에이드를 많이 먹나 경쟁을 시킨 것인데, 67회 구매한 사람이 선물을 받아 갔다. 그런데 에이드란 무엇일까? 원래 ade는 프랑스어 접미사였는데, 영어권에서 레몬 뒤에 붙여 레모네이드라는 단어를 만들었고 그 이후로 물로 희석해서 마시는 과일주스나 음료에 에이드를 붙여 부르게 되었다. 오미자액이나 매실액을 물에 희석해서 시원하게 만든 음료도 에이드의 일종이다. 에이드와 비슷한 것으로 스쿼시가 있는데, 탄산수를 섞어 톡 쏘는 맛이 나도록 한 음료다. 만약 오미자액에 탄산수를 섞으면 오미자스쿼시가 되는 것이다. 그러나 우리나라에서는 물이나 탄산수 중 무엇을 섞어도 모두 에이드라고 부르는 경향이 있다.

주스에 탄산을 주입하는 방법은 무엇일까? 무시무시한 압력을 가하면 된다. 밀폐된 용기에 주스를 담고 압축해 두었던 이산화탄소를 주스 속에 분사하면, 물 분자 사이사이에 이산화탄소 분자가 끼어들어 간다. 밀폐된 상태에선 이산화탄소 분자가 물 분자 사이에 얌전히 있지만 뚜껑을 따는 순간 압력이 낮아지면서 이산화탄소 분자들이 여럿 모여 기포를 이루고 밖으로 튀어 나온다. 이때 우리는 톡 쏘는 쾌감을 느낄 수 있다.

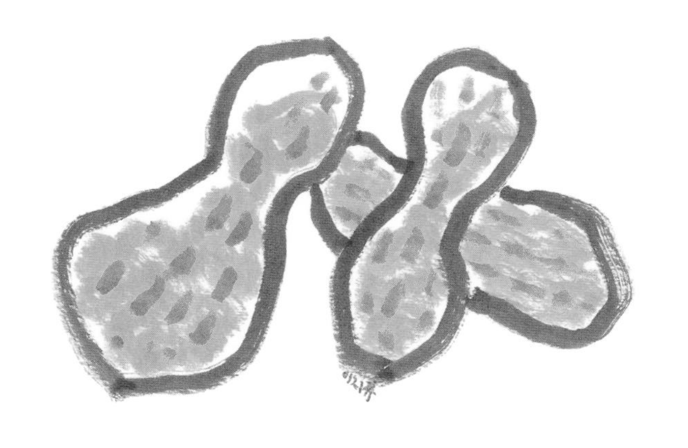

미국에서는 땅콩 알레르기로
죽는 사람이 해마다
100 명이 넘는다.

땅콩 조심

8

땅콩은 원래 콩이다

‘심심풀이 땅콩’이라는 말이 있을 정도로 만만한 땅콩은 값싸고 영양 많은 간식이다. 무게의 40퍼센트가 지방, 20퍼센트는 단백질, 나머지는 탄수화물로 이루어져 있어 다이어트에는 그리 좋지 않지만, 우리 몸이 만들어 내지 못하는 불포화 지방산을 많이 가지고 있어서 적당히 먹으면 건강에 좋다. 재난 대피용 비상 가방에 꼭 챙겨야 할 품목 중에 땅콩버터가 들어 있는 이유도, 한 숟가락만 먹으면 열량은 물론 균형 있는 영양소를 단시간에 얻을 수 있기 때문이다. 물론 숟가락도 꼭 챙겨야 한다.

우리나라에서는 정월 대보름에 견과류를 먹으면 1년 내내 이가 상하지 않고 건강을 지켜 준다는 믿음으로 부럼을 먹는다. 그중에 땅콩이 포함되어 있는데, 사실 땅콩은 호두나 잣 같은 견과류가 아니라 대두류, 곧 콩이다. 그러니까 땅콩 알레르기가 있는 사람은 대두 단백질에 알레르기가 있는 것이다. 땅콩은 꽃이 피면 꽃대가 땅으로 구부러져 흙에 닿고, 꽃이 지면서 땅을 파고 들어가 땅속에 열매를 맺는다. 그래서 이름이 땅콩이고 한자로는 낙화생이라고 부른다. 뿌리나 땅속 줄기가 굵어진 것이 아니라 꽃이 제 발로 땅속으로 들어가 열매가 생긴 특이한 성격의 콩이다. 그러려니 하고 먹자.

6장

편의점

현대인의 삶은 편의점과 뗄 수 없는 관계에 있다. 학교가 끝난 뒤 학생들이 모여 아이스크림, 삼각김밥, 라면을 먹으며 이야기를 나누는 곳이고, 직장인들이 고단한 하루를 뒤로하고 맥주를 한 캔 사기 위해 들르는 곳이다. 늦은 밤 약국이 문을 닫았을 때 응급 약품을 구할 수도 있고 1+1 행사를 할 때는 덤으로 생긴 간식을 편의점 알바생과 나누어 먹으며 훈훈한 마음을 전할 수도 있는 흥미로운 곳이다. 편의점이라는 말이 딱 어울리게 택배를 보내거나 받을 수도 있다. **하지만 역시 편의점에서 나오는 사람의 십중팔구는 손에 먹거리가 들려 있다.** 이제는 편의점에 어떤 신상 먹거리가 출시되었는지 찾아보는 일이 큰 기쁨이기도 하다. 자, 맛있는 편의점 여행을 떠나 보자.

편의점의 상징!

1

든든한 비상식량

삼각김밥은 편의점의 꽃이다. 들어서는 순간 눈에 가장 잘 띄는 곳에 줄 맞춰 선 삼각김밥을 보면 비상식량이 생긴 듯한 편안함이 느껴진다. 적절하게 간이 된 밥이 다양한 재료로 채워져 있으며 바삭한 식감의 김이 어우러져 하나로는 만족하기 어렵다. 하지만 맛있다고 계속 먹기에는 열량이 걱정된다. 삼각김밥의 주재료인 쌀은 100그램에 130킬로칼로리를 낸다. 쌀의 녹말은 가열해서 익히기만 하면 당장 에너지로 쓸 수 있는 가소화 녹말이다. 가소화 녹말은 포도당으로 분해되어 쓰이고 남은 것은 지방으로 저장된다. 껍질을 깎아 낸 쌀은 매우 우수한 가소화 녹말 덩어리인 셈이다.

하지만 밥을 지을 때 조금만 신경 쓴다면 칼로리를 반으로 줄일 수도 있다. 한 무리의 과학자들이, 코코넛오일을 넣어 밥을 지은 뒤 냉장고에 넣어 12시간 식히면 아밀로스 일부가 저항성 녹말이 된다는 사실을 알아냈다. 저항성 녹말은 가소화 녹말과 달리 포도당으로 분해되지 않고 저장도 되지 않는다. 저항성 녹말은 소화되지 않고 대장까지 내려가 섬유소 같은 역할을 하게 된다. 그러니 코코넛오일을 넣은 밥으로 삼각김밥을 만들면 4개를 먹어도 열량은 2개와 같은 셈이다. 물론 나트륨과 각종 첨가물의 섭취량은 그대로일 테지만.

날 사랑하는 건 좋지만
다른 나무를 베는 건 반대일세!

아쉬울 때는 컵라면

2

라면 회사에 부탁합니다

편의점에는 김치찌개 맛부터 불닭 맛까지 다양한 컵라면이 있다. 컵라면 안에 든 면은 대체로 튀겨진 상태로 포장되어 있는데, 면을 튀길 때 사용하는 것이 바로 팜유다. 온대 지방에 사는 사람들은 종종 코코넛과 팜을 헷갈리곤 한다. 이는 열대 지방에서 자라는 식물을 야자나무라고 통쳐 부르기 때문에 생기는 일이다. 팜은 코코넛과 달리 밤톨만 한 열매가 다닥다닥 붙어 있고, 과육의 20퍼센트가 지방 성분이며, 씨앗은 50퍼센트가 지방이다. 우리가 보통 팜유라고 부르는 것은 과육을 짜서 얻은 기름이고 씨를 짠 커넬유는 조금 더 고급 기름이다.

팜의 과육에는 당근에 많이 포함된 붉은빛 물질인 카로틴이 들어 있어 기름도 붉은색이 돈다. 팜유는 포화 지방과 불포화 지방의 비율이 1:1이라 산패가 느려 보존성이 좋다. 라면을 팜유로 튀기는 이유도 튀긴 면을 1년 이상 보존할 수 있기 때문이다. 이제 세계인은 팜유 없이 살 수 없게 되었지만, 불행하게도 팜나무를 심기 위해 열대 우림에 있는 나무들을 베어서 기후 변화에 악영향을 끼치고 있다. 하지만 라면을 안 먹고 살 수는 없으니, 라면 회사들은 기후 변화에도 도움이 되고 우리의 식생활도 즐거운 라면을 만드는 방법을 개발하기 바란다.

봉지를 뜯으면
마지막 하나까지
먹어야 끝난다.

3

말랑말랑 기분 좋은 달콤함

편의점 진열대를 보면 저렇게 많은 젤리가 있다는 점에 놀란다. 전통의 강자인 곰 모양, 지렁이 모양 젤리는 물론이고, 다양한 신상 젤리가 눈길을 사로잡는다. 오늘날 젤리는 과일을 압착해 얻은 주스에 젤라틴을 넣어서 만든다. 젤라틴은 동물, 특히 돼지 껍질에 있는 콜라겐을 가공해서 만든다. 젤라틴은 아미노산들이 길게 이어진 분자인데, 물과 함께 끓이면 끊어진다. 이것을 식히면 긴 분자들 사이사이에 물을 가둔 채 굳어서 딱딱하지 않고 무너지지도 않는 독특한 성질을 가지게 된다. 이를 젤화라고 한다. 그런데 파인애플과 키위에는 젤라틴을 더욱 잘게 분해하는 효소가 있어서 젤화가 되지 않는다. 그렇다면 파인애플 맛 젤리는 맛볼 수 없는 것일까?

다행히 젤라틴 없이도 젤리를 만드는 방법이 있다. 과일을 짜서 건더기를 거르고 주스를 만들어 설탕을 넣고 끓인 뒤 산을 넣고 식히면 맑고 투명한 젤리가 된다. 원리는 이렇다. 설탕을 넣고 끓인 과일 주스에는 세포막 성분 중 하나인 셀룰로스와 헤미셀룰로스가 결합한 다당류가 포함되어 있다. 이를 펙틴이라 하는데, 펙틴은 레몬처럼 신맛이 나는 산을 만나면 젤화가 일어나 맑고 투명한 젤리가 된다. 펙틴은 과일의 껍질에 많이 들어 있고, 사과나 포도에 많이 들어 있다. 잼도 이 원리를 이용해서 만든다.

터진다.

터진다.

터진다.

따분할 때는 껌

4

우물우물 본능적인 끌림

인간에게 무언가를 씹고 싶은 본능이 있는 것은 우리가 턱이 있는 어류의 후손이기 때문이다. 5억여 년 전 바다에서 생겨난 생물은 턱이 없었지만 어느 날 턱이 있는 어류가 나타났다. 머리에 거대한 집게를 갖추고 있는 것이나 마찬가지인 이들은 무적의 사냥꾼이 되었다. 뭐든 한번 물면 놓치지 않으니 잘 먹고 건강하고 자손을 많이 낳아, 바다는 턱이 있는 물고기 세상이 되었다. 그러니 뭘 씹고 싶은 것은 본능이다. 껌이 인기 있는 이유다.

옛날부터 멕시코 사람들은 사포딜라나무의 수액을 따뜻한 물에 담가 부드럽게 한 뒤 입에 넣고 우물우물 씹었다. 이것이 천연 치클인데, 아무리 씹어도 녹지 않고 사라지지 않으며 입 안을 개운하게 해 주는 효과까지 있었다. 이를 본 미국 사람들이 치클에 아주 많은 양의 설탕과 향료를 넣어 납작하게 만든 것이 껌이다. 요즘은 천연 치클이 비싸서 석유에서 추출한 고분자 초산 비닐 수지에 향료, 색소, 합성 감미료, 보존료, 왁스, 피막제, 유화제 등을 섞어 껌을 만든다. 놀랍게도 거의 모두 합성 원료다. 그러니 아무리 턱 있는 어류의 자손이라고 해도 껌을 너무 오래 씹지는 말자. 첨가물을 오래 빨아 먹는 것과 같으니 말이다.

따다닥 딱따다닥!

잠을 깨고 싶다면 톡톡 캔디

5

입 안에서 들리는 폭발음

입에 털어 넣으면 입 안에서 톡톡 틱틱 딱딱 터진다. 톡톡 캔디는 귀가 아닌 두개골의 진동을 통해 톡톡 소리를 듣도록 만든다. 그 비밀은 이산화탄소에 있다.

설탕을 녹이고 그 속에 각종 과일 맛이 나는 분자와 향이 나는 분자들을 섞은 뒤, 이산화탄소가 가득 든 통에 넣는다. 그런데 이 통 속의 기압은 대기압의 오십 배에 이를 정도로 높다. 내 머리 위에서 지금보다 오십 배나 많은 공기가 나를 내리누르는 무시무시한 압력 속에 뜨거운 설탕을 넣는 것이다. 어마어마한 밀도의 이산화탄소는 녹은 설탕이 들어오는 즉시 설탕들 사이로 비집고 들어가 아주 작은 기포를 형성한다. 설탕이 식어서 단단해지면 이산화탄소는 설탕 속에 갇혀 오도 가도 못하는 신세가 된다. 우리가 톡톡 캔디를 입 안에 넣으면 체온으로 설탕이 녹고 그러면 그 안에 갇혀 있던 이산화탄소가 폭발하듯 터져 나온다. 기포의 압력은 통 속에 있을 때처럼 아주 높기 때문에 폭탄과도 같다. 다만 기포의 크기가 350나노미터라 건물을 날려 버리지 못할 뿐이다. 그래도 잠은 확실히 깨워 준다.

羊羹 양갱

국물 갱

두갱은 콩을 끓인 국
담갱은 맑은 장국
그런데, 양갱은 팥이 재료?

6

힘이 되고 살이 되고

양갱은 팥을 익히고 짓이겨 곱게 가라앉힌 앙금에 설탕을 섞고 한천을 녹인 뒤 식혀서 젤리처럼 만든 간식이다. 한천은 해조류인 우뭇가사리를 푹 고아서 얻은 끈끈한 다당류로, 식혀서 굳히면 녹말 입자들 사이에 물이 갇혀 젤화된다. 이는 동물성 단백질을 젤화한 젤라틴과 매우 유사하며, 무색, 무미, 무취라는 점도 같다. 하지만 물성은 약간 다른데, 젤라틴보다 쫄깃함이 덜하다.

고전적인 양갱은 팥을 재료로 만들지만 오늘날 젊은이들을 겨냥해 만든 양갱은 고구마, 밤, 호두, 감, 아몬드, 녹차, 나아가 클로렐라와 인삼까지 넣어서 만든다. 재료에서도 알 수 있듯이 지방이 전혀 없고 거의 탄수화물로 이루어져 있으며 설탕의 양 또한 만만치 않아서 격렬한 운동을 하거나 오래 몸을 움직여야 할 때 효과 좋은 당분 공급원이다. 그래서 양갱은 마라토너들에게 인기라고 한다. 뇌에 필요한 포도당을 빨리 공급해 줄 수 있어서 수험생의 간식으로도 그만이다. 하지만 운동이나 공부를 하지 않을 때 먹을 생각이면 조금만 먹는 것이 좋다. 혈당이 급격히 올라가고 남은 열량은 십중팔구 지방으로 저장될 테니까.

지구상에 우리를 싫어하는

인간은 없어!

7

피로가 스르르 녹는 맛

초콜릿의 원료인 카카오 열매는 길이 25센티미터 정도에 럭비공 모양으로 생겼고 카카오나무 몸통에 달린다. 열매 속에는 2센티미터 정도의 자주색 씨가 줄을 맞추어 늘어서 있는데, 이것을 볶고 갈아서 걸쭉한 액체로 만든 것을 '리커'라고 부른다. 여기에 설탕을 넣고 10시간 이상 갈면 아주 결이 고운 리커가 되는데, 이렇게 오랜 시간 공을 들여야 부드러운 식감의 초콜릿이 된다. 1879년 스위스의 초콜릿 제조업자 린트가 '콘칭'이라 불리는 이 방법을 알아내기 전까지 사람들은 뻣뻣한 초콜릿을 꼭꼭 씹는 대신 코코아차를 마셨다.

코코아에 포함된 지방은 녹는점이 33.8도인데 이것이 매우 매력적이다. 그 덕분에 실온에서는 고체 상태지만 먹으면 금방 스르르 녹아 지방이 입 안을 감싸는 신비한 느낌을 경험할 수 있기 때문이다. 게다가 카카오의 쓴맛을 가리느라 투척한 설탕의 유혹을 피할 수 있는 사람은 거의 없다. 또 카페인과 비슷하게 생긴 테오브로민이 피로를 느끼지 못하게 해 나른한 오후에 간식으로 먹기에도 딱이다. 한 가지 주의할 점은 개에게는 테오브로민을 분해하는 효소가 없어 독이 될 수도 있다는 점. 그러니 개와 함께 사는 인간이라면 반려견 몰래 먹을 것을 권한다.

저 강을 건너면

우리는 못 알아볼 거야.

8

하얀 얼룩의 비밀

초콜릿 이야기가 나온 김에, 편의점이 여름에 시원해야만 하는 이유를 초콜릿의 입장에서 생각해 보자. 여름이 지난 어느 날 초콜릿을 사서 포장을 뜯었을 때 하얀 물질이 묻어 있는 경우를 본 적이 있을 것이다. 이는 초콜릿의 지방 성분인 카카오버터의 매우 특이한 성질 때문에 생긴다. 아직도 정확한 이유는 모르지만 카카오버터는 녹는점이 6개나 된다. 정말 이상한 일이지만 사실이다. 17.3도, 23.3도, 25.5도, 27.3도, 33.8도. 36.3도 이렇게 6개의 녹는점이 있고 온도에 따라 1, 2, 3, 4, 5, 6형 결정체가 있다.

우리가 가장 좋아하는 결정은 5형 결정이다. 그래서 초콜릿 장인들은 28도보다 높지만 33.8도보다 낮은 온도를 오락가락하며 초콜릿을 굳힌다. 이를 템퍼링이라고 한다. 그런데 만약 편의점 에어컨이 고장 나 34도를 넘을 정도로 더워지면 초콜릿 결정이 열을 받아 서서히 6형으로 변한다. 6형은 매우 단단하고 식감이 좋지 않으며 초콜릿 표면에 하얀 얼룩을 남긴다. 이걸 먹는다고 병에 걸리거나 죽지는 않는다. 다만 맛이 없을 뿐이다.

얼음이 세상을 구원한다.

시원함이 필요할 때는 냉장고

9

냉장고에도 변화가 필요해

편의점의 벽면은 모두 냉장고가 차지하고 있다. 물이 들어간 거의 모든 상품이 냉장고에서 주인을 기다린다. 세계에서 생산되는 에너지의 1/5이 냉장 시스템에 사용되고 있다는데, 전기를 덜 쓰는 냉장고는 없을까? 영국의 슈어 칠이라는 회사에서 아주 획기적인 냉장고를 만들었다. 냉장고 위에는 냉동고가 있고 이곳에 물이 가득 들어 있어 전원을 켜면 물이 언다. 냉장실 벽면에는 물을 채운 가는 파이프가 들어 있고 이 파이프는 냉동고의 얼음 밑을 지나간다. 얼음이 얼면 바로 밑 파이프 안에 있는 물의 온도도 내려간다. 물의 온도가 4도까지 내려가면 그 물은 모터가 없어도 냉장고 아래로 내려간다. 물은 4도에서 가장 밀도가 크기 때문이다.

이 냉장고의 진면목은 이제부터다. 전기를 꺼도 파이프 안의 물이 더워지면 위로 올라가 얼음 밑을 지나고, 4도가 되면 다시 내려온다. 얼음이 다 녹을 때까지 이와 같은 과정이 반복된다. 문을 자주 열지만 않으면 며칠 동안 냉장실을 4도로 유지한다. 이 냉장고는 무겁고 전기 상황이 좋지 않은 아프리카의 저개발국가에서 백신을 보존하기 위해 만들어졌고 38개국에서 사용하고 있다고 한다. 기후 변화가 위기가 된 이 상황에서 적극 도입해야 할 냉장고 아닌가!

기포 없는 아름다움.

더울 때는 얼음

10

집에서는 안 되네

한여름에 편의점에서 얻을 수 있는 가장 근사한 상품은 맑고 투명한 얼음이다. 남극의 커다란 얼음을 망치로 깨 온 것 같은 자연스러운 모양은 또 어떻고! 돌처럼 생긴 이 얼음은 커피에 넣거나 주스에 넣으면 모양도 살고 시원함도 선사한다. 그런데 궁금하다. 왜 우리 집 냉장고에서 얼린 얼음은 맑고 투명하지 않은 걸까? 가장 큰 이유는 물에 바람이 들어서다. 물속에 있는 기포 때문이라는 뜻이다. 냉장고에서 물을 얼리면 물은 바깥부터 언다. 그러면 기포가 갈 곳을 잃어 중앙에 모이고, 빛을 산란시켜 불투명한 얼음이 되는 것이다.

반면에 얼음 공장이나 정수기에 있는 제빙기는 고드름의 원리를 이용해 얼음을 얼린다. 냉매가 든 판을 세워 놓고 위에서 물을 조금씩 흘려 얼음이 안에서 바깥으로 자라나게 한다. 이렇게 하면 기포가 바깥으로 밀려나 투명한 얼음이 된다. 고드름이 투명한 이유도 바로 이것이다. 또 한 가지 투명한 얼음을 만드는 방법은 물을 끓여 기포를 날려 버리고 식혀서 얼리는 것이다. 그러면 훨씬 투명한 얼음을 얻을 수 있다. 이도저도 다 귀찮다면 그냥 사서 쓰자. 전문가들이 만든 얼음이니 얼마나 잘 얼렸을까.

나를 소화 흡수 못한다면
다음 생을 노려.

선택받았다면 요구르트

11

소화하기 참 어려워

염소, 양, 소, 말 같은 가축을 기르고 가축이 먹을 풀이 있는 곳으로 이동하며 살던 시대에 생존하기 유리한 사람은 누구였을까? 바로 동물의 젖을 소화시키는 능력을 가진 사람이었다. 인간이 동물의 젖을 먹은 것은 8,000년도 되지 않은 일이다. 안타깝게도 일부 인간은 아직도 유당을 분해하는 효소가 없다. 모든 인류가 유당 분해 효소를 합성할 정도로 선택적 진화를 할 만큼 시간이 흐르지 않은 것이다. 체내에서 유당 분해 효소를 합성하지 못하는 사람들은 우유를 마시면 배가 아프고 설사를 하며 기분이 나빠진다. 하지만 우유를 발효시켜 시큼하게 변한 요구르트는 그런대로 먹을 수 있다.

인간이 유당을 분해해서 소화 흡수하지 못한다면 분해하는 일을 다른 생물에게 맡기면 된다. 유산균이 바로 그런 일을 해 주는 고마운 존재로, 락토 바실루스, 스트렙토코쿠스, 류코노스톡 속의 세균들이 유당을 젖산으로 분해하는 전문가들이다. 요구르트에서 시큼한 맛이 나는 것은 바로 이 젖산 때문인데, 여기에 단맛과 향을 가미해 요구르트 제품을 만든다. 이렇게 만들어도 균은 유당의 50퍼센트만 분해하기 때문에 어떤 사람에겐 여전히 불편할 수 있다. 요구르트마저 소화할 수 없다면 미안하지만 이번 생은 안 된다. 우유와 요구르트를 소화시키려면 다시 태어나야 한다.

편의점에 찐빵이 나오면
그때부터 겨울이다.

12

하얗고 폭신한 겨울의 맛

팥소가 없는 찐빵은 존재의 의미가 없다. 최근 들어 야채 맛 찐빵과 피자 맛 찐빵의 기세가 부쩍 높아졌지만, 그래도 찐빵 하면 팥소가 진리다. 겨울철 편의점 앞을 지나가다 둥그런 유리통 안에서 빙글빙글 돌아가는 찐빵을 보노라면 배가 고프지 않아도 꼭 하나를 먹어야 할 것 같은 깊은 충동에 사로잡힌다. 찐빵은 효모와 물을 넣어 반죽한 밀가루 껍질에 삶은 팥을 으깨고 설탕을 섞은 소를 넣어 뜨거운 수증기로 쪄 내는 간식이다. 팥 대신 야채, 고기 등 다양한 것을 넣은 찐빵이 나오는데, 다시 한번 말하지만 역시 팥을 넣은 것이 으뜸이다.

팥이 없었다면 찐빵은 탄생할 수 없었다. 팥은 콩과 동부속에 속한 식물로 꼬투리에 붉은색 열매가 들어 있다. 뿌리에 뿌리혹박테리아가 있는데 이 박테리아가 질소를 유기 질소 화합물로 만들어 팥에 나누어 준다. 그 덕분에 팥은 척박한 땅에서도 잘 자란다. 팥을 물에 담가서 문질러 씻으면 거품이 이는데, 이는 팥에 사포닌이 있기 때문이다. 사포닌은 콜레스테롤 흡수를 막고 암을 예방하는 데 도움이 된다고 알려져 있다. 사포닌이 있는 식물로는 콩, 파, 더덕, 도라지 등이 있는데 가장 유명한 것은 홍삼이다. 그러니 찐빵을 먹으면 홍삼을 먹은 효과가 있다. 물론 아주 많이 먹어야 하지만.

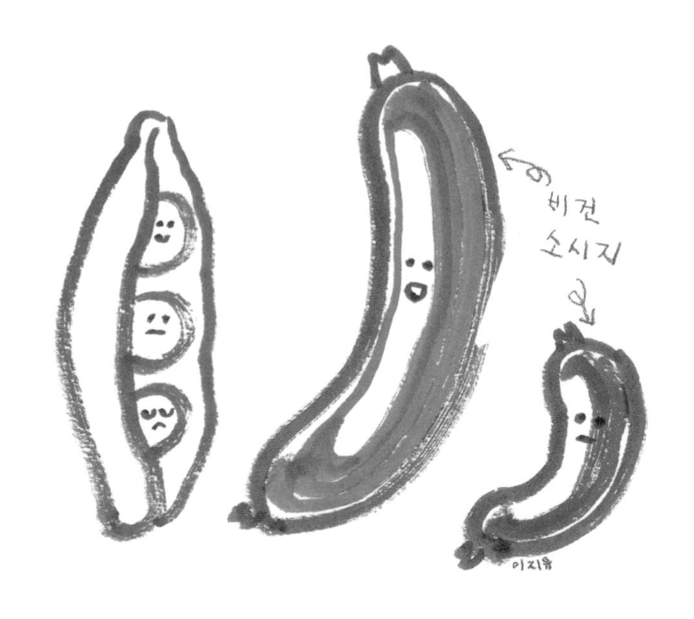

우리 조상 콩이셔,
인사드리렴.

13

소시지의 정의를 바꿀 때

소시지는 편의점의 인기 간식이며 '마크 정식'의 필수 재료 중 하나다. 참고로 마크 정식은 아이돌 마크의 팬이 그의 이름을 널리 알리기 위해 만든 편의점 음식 레시피로 스파게티, 떡볶이, 소시지 등을 주재료로 한다. 소시지는 동물의 내장에 고기를 갈아 넣고 양쪽을 막은 뒤 찌거나 삶거나 훈제해서 두었다 먹는 저장 식품이다. 맛있는 간식이지만 건강 관리를 위해, 또 동물과 환경을 생각해 육류 섭취를 자제하는 사람들에게는 가까이할 수 없는 메뉴다. 이런 고민 끝에 사람들은 콩과 밀가루의 단백질을 이용해 식물성 고기를 만들었다.

그런데 2019년 유럽 의회 농업 위원회에서 버거, 스테이크, 소시지 등의 명칭을 인조고기 식품에 사용하지 말라는 법안을 통과시켰다. 환경 단체들은 젊은 소비자들이 육식을 멀리하니 육류 업계에서 압력을 가한 것이라고 반발했다. 채식주의자들은 밀로 만든 고기를 세이탄, 콩으로 만든 고기를 템페라고 부르며 아랑곳 않고 채식을 실천하고 있다. 육류 업계가 긴장하는 또 다른 이유는 과학자들이 암소의 근아 세포를 분리해 실험실에서 인조고기를 만들었기 때문이다. 지방이 없는 순수 단백질이라 좀 퍽퍽하고 아직 해결해야 할 문제가 많지만, 축산업과 동물 복지 문제를 해결할 수 있는 근사한 방법임은 틀림없어 보인다.

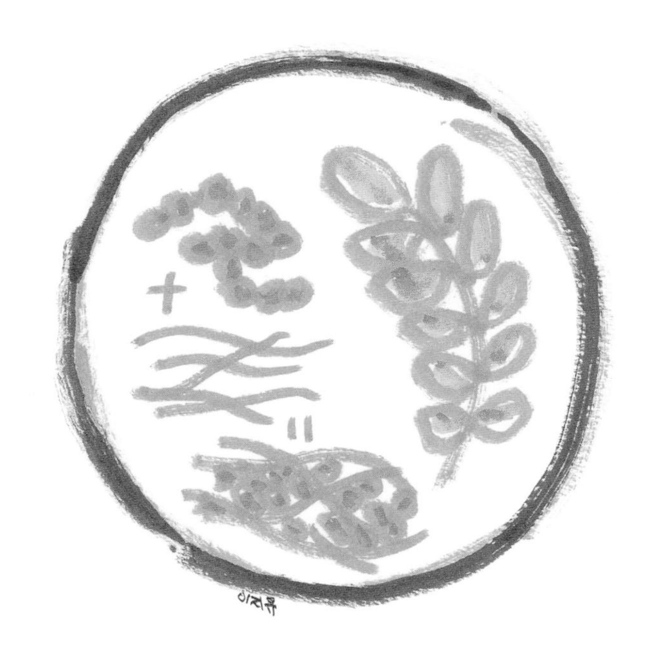

바삭한 쿠키의 비밀은
밀가루 속 글루텐 함량.

14

다채롭게 맛있는 밀가루

초콜릿이 잔뜩 박힌 초코칩 쿠키를 만들 때는 반죽에 물을 넣지 않는다. 밀가루는 글루텐 함량이 9퍼센트 이하인 박력분을 쓴다. 버터를 중탕하면서 같은 양의 설탕을 녹이고 휘저어 크림으로 만들고, 계란 흰자도 휘저어 크림을 만든 뒤 둘을 섞어 박력분을 반죽한다. 이렇게 하면 글루텐이 잘 형성되지 않아 더욱 바삭한 쿠키가 된다. 또 170도가 넘는 오븐 안에서 설탕과 밀가루의 단백질이 일으키는 마이야르 반응으로 인해 맛의 차원이 상승하면서 나도 모르게 쿠키를 자꾸 집어 들게 만든다.

밀가루는 글루텐의 함량이 적은 것부터 박력분, 중력분, 강력분, 세몰리나로 나뉘고 이들은 각각 9퍼센트 이하, 9~10퍼센트, 11퍼센트 이상, 13퍼센트 이상의 글루텐을 포함하고 있다. 우리가 주로 쓰는 밀가루는 중력분으로 밀가루 봉지에는 다목적용이라고 쓰여 있다. 그러나 맛있는 쿠키, 파이, 케이크를 만들려면 박력분을, 식빵이나 피자, 발효 빵을 만들 때는 강력분을, 마카로니와 스파게티를 만들 때는 세몰리나를 써야 된다. 중력분은 국수나 수제비를 만들 때 딱 좋다.

7장

거리

어른들은 길거리에 서서 음식을 먹지 말라는 잔소리를 하곤 한다. 먼지, 매연 등 공기가 나쁘니 음식에 나쁜 성분이 첨가될 것이고, 그런 음식이 건강에 좋을 리 없으니 하는 소리라는 건 안다. **하지만 정말 이상하게도 길거리 음식은 군침을 돌게 한다. 거리로 향한 가판대 앞에 서서 판매원이 건네주는 간식을 먹으면 그렇게 맛있을 수가 없다.** 옆에 친구가 있다면 좋지만 혼자 먹어도 즐겁다. 거리에서 무언가를 우물우물 씹으며 세상을 바라보면 외부에서 귀를 통해 들어오는 소리와 입 안에서 음식을 씹을 때 생겨난 소리가 머리뼈를 통해 전달되면서 세상에 단 하나밖에 없는 소리를 만들어 낸다. **거리를 걸으며 간식을 먹어 보지 않은 사람은 이 공감각적인 맛을 절대 알 수 없다.** 물론 지나가는 다른 사람에게 소스를 묻히거나 간식을 든 채 부딪히면 곤란하니 주변을 살피는 것은 필수!

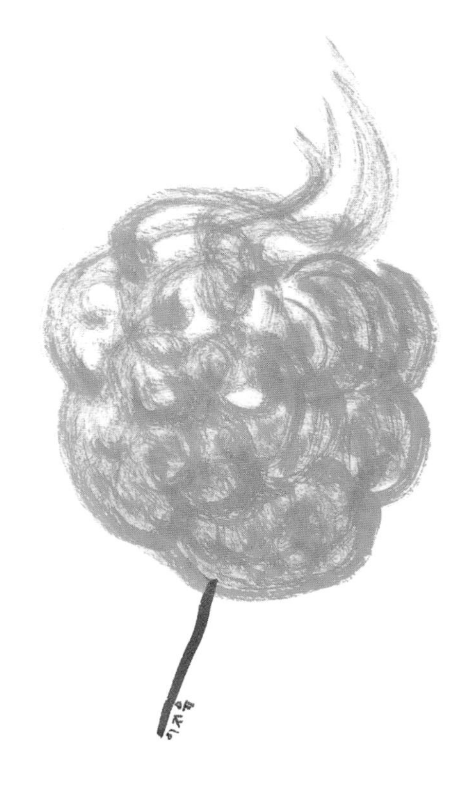

솜사탕이 주는 활력

1

100퍼센트의 달콤함

놀이동산에 빠질 수 없는 '잇 아이템' 솜사탕! 먹다 보면 얼굴에 끈적임을 남겨 불편하지만, 거부할 수 없는 매력이 있다. 한입 베어 물려고 입을 대면 스르르 녹아든다. 아무리 애써도 절대 입 속에 가득 넣을 수 없는 아주 이상한 간식이다. 솜사탕은 도대체 어떻게 만드는 걸까? 비밀은 원심력이다. 설탕을 녹여 액체로 만든 뒤 아주 작은 구멍이 뚫린 통 안에 넣는다. 통에는 계속 열을 가해 설탕이 녹은 상태를 유지하게 하면서 통을 돌린다. 녹은 설탕은 원심력을 받아 통의 중심으로부터 멀어지려 하고 그러다 보면 벽에 뚫린 구멍으로 나갈 수밖에 없다.

구멍을 통해 탈출한 설탕이 만나는 것은 차가운 공기다. 온도가 내려가며 설탕은 긴 실 모양으로 굳는데, 이때 나무젓가락으로 실을 걷어 모으면 풍선 같은 솜사탕이 만들어진다. 만약 색깔이 있는 솜사탕을 만들고 싶다면 설탕을 녹일 때 식용 색소를 넣으면 된다. 솜사탕은 재료가 가장 간단한 간식으로 놀랍게도 설탕만 있으면 된다. 따라서 영양소는 100퍼센트 당이다. 많이 먹으면 건강에 부정적인 영향을 주지만 놀이동산처럼 몸을 많이 움직여야 하는 곳에서는 아주 좋은 활력소가 될 수 있다. 하지만 하나만 먹는 걸로!

붕어빵 완벽 피부의
비결은 코팅 프라이팬.

겨울 간식 최강자 붕어빵

2

붕어빵에 진심이다

겨울철 길거리 간식의 최고봉은 붕어빵이다. 묽은 밀가루 반죽에 팥소를 넣어 구운 빵을 풀빵이라고 하는데 붕어빵은 국화빵, 잉어빵, 오방떡을 포함한 풀빵류의 대표 격이다. 최근에는 원재료 가격이 상승해 풀빵을 파는 곳이 많이 줄었다. 풀빵을 파는 곳을 찾지 못하는 상황을 안타깝게 여긴 네티즌들은 참여형 지도 시스템인 구글 오픈 맵에 각자가 알고 있는 풀빵 가게를 등록해 '대동풀빵여지도'를 만들었다. 이 지도에는 무려 1,000개가 넘는 노점상이 등록되어 있다.

풀빵이 완성되는 모습을 지켜보는 것은 '불멍'에 버금가는 힐링 효과가 있다. 주물이 착 열리면 팥을 품은 붕어가 탁 튀어나온다. 금속으로 만든 프라이팬은 음식과 화학 반응을 일으켜 들러붙는 게 보통인데 어떻게 저렇게 깔끔하게 나오는 걸까? 비밀은 테플론 코팅에 있다. 테플론은 무엇과도 잘 들러붙지 않는 성질을 가졌다. 아니, 테플론은 들러붙지 않는다면서 어떻게 철판에 얌전히 붙어 있는 걸까? 다 방법이 있다. 엄청나게 강한 모래바람을 일으키는 통에 프라이팬을 넣어 홈을 만든다. 그런 다음 액체 상태인 폴리테트라플루오로에틸렌(테플론)을 부으면 그 사이사이로 들어가 굳게 된다. 그 덕분에 금속과 음식의 화합을 방해한다. 그러니 붕어빵 틀이나 프라이팬을 수세미로 문지르면 곤란하다. 코팅이 벗겨지니까.

호떡은

겨울바람과 함께.

겨울의 맛 호떡

3

건강은 이따 생각하자

호떡은 밀가루 반죽에 설탕, 견과류 등을 넣고 봉합한 뒤 기름을 두른 팬에 눌러서 지진 떡으로 매우 흔히 찾아볼 수 있는 간식이다. 그러나 요즘처럼 기름을 많이 두른 철판에 튀기듯 호떡을 익히는 것은 1970년대에 식용유가 등장하고 생긴 풍경이다.

식용유는 과학 기술의 산물이다. 우선 지방산이 풍부한 콩을 개량해 키워 낸다. 수확한 콩을 탈곡기에 넣어 껍질을 벗기고 네 조각으로 자른 뒤, 거대한 압착기로 눌러 두께 0.3밀리미터로 편다. 여기에 유기 용매인 헥산을 부어 기름을 녹여 낸다. 그런 다음 가열해서 유기 용매가 날아가도록 한다. 이러면 끝일까? 아니다. 기름 속에는 끈적한 검이 남아 있는데 뜨거운 물을 부어 가라앉힌 뒤 이를 물과 함께 버린다. 그런 다음 수산화 나트륨을 넣고 원심 분리기를 돌려 지방산인 지질을 분리해 없앤 뒤 빠르게 식혀 이물질을 제거한다. 이 기름을 고온고압으로 분사해서 나쁜 냄새를 사라지게 하고, 여과 장치를 통과시켜 남은 이물질까지 제거해야 맑고 투명한 콩기름이 탄생한다. 이 모든 공정을 거쳐 만든 식용유가 대중화되기 전에는 호떡을 화덕에 구워서 만들었다. 그런데, 그러는 편이 건강에 더 좋지 않을까?

참아야 하느니라.

4

찌면 그 맛이 아닌 이유

당분과 단백질의 마이야르 반응이 만들어 내는 맛있는 냄새가 일품인 군고구마는 겨울철 간식의 대명사이다. 참을 수 없는 달콤한 냄새로 행인들을 유혹하는 것이, 마치 영화관의 캐러멜 맛 팝콘과도 같다고나 할까. 고구마를 익히면 베타아밀라제라는 효소가 녹말을 엿당으로 만드는데, 이 효소는 50~70도 사이에서 활성화가 되기 때문에 이 온도에 오래 머무를수록 고구마는 더욱 달아진다. 고구마를 물에 찌면 물이 끓으면서 금방 70도를 넘어 엿당이 덜 생긴다. 그래서 찐 고구마보다 불에 오래 둔 군고구마가 더 달다.

고구마는 뿌리에 영양분이 모인 덩이뿌리 식물로 척박한 곳에서 잘 자란다. 토양의 양분이 부족하면 광합성의 결과물을 뿌리에 축적해 만약을 대비하려는 시스템이 작동하기 때문이다. 비옥한 땅에서는 뿌리에 영양분을 저장할 필요가 없으므로 잎만 무성해질 뿐 뿌리는 잘 자라지 않는다. 고구마는 토양을 붙드는 능력 또한 좋아서, 중국의 황사 발원지 중 한 곳인 쿠부치 사막에서는 사막화 확산을 막고 농민 소득을 높이기 위해 시험용 고구마를 심었다. 척박할수록 양분을 모으고 사막화까지 막아 주는 고구마라니, 정말 훌륭하지 않은가!

눈꽃 빙수 만드는 법.

5

빙수의 운동 에너지

빙수는 얼음을 곱게 갈아 단맛 나는 재료를 얹어 먹는 간식이다. 빙수의 품격은 마지막 한 숟가락까지 녹지 않는 것. 어떻게 하면 그런 빙수를 만들 수 있을까? 비결은 눈송이를 따라 하는 것이다. 물은 분자가 가진 운동 에너지에 따라 고체, 액체, 기체로 상태가 변한다. 얼음의 분자는 에너지가 적어 둔하고, 기체 상태인 분자는 에너지가 많아 정신없이 날뛴다. 액체 상태는 그 사이 어딘가에 놓여 있다.

에너지는 많은 곳에서 적은 곳으로 전달되므로 고체인 얼음 주변에 액체인 물이 있으면 물에서 얼음으로 에너지가 신속하게 전달되어 얼음이 잘 녹는다. 그래서 한번 물이 생기면 얼음은 주체할 수 없이 빨리 녹는다. 반면 주변에 기체가 있다면 에너지가 잘 전달되지 않는다. 아니, 아까는 기체 상태의 운동 에너지가 가장 많다면서 무슨 소리냐고 할지 모르지만, 기체일 때는 밀도가 크지 않아서 전달되는 에너지의 총량이 미미하기 그지없다. 빙수 제조업자들은 이런 과학을 잘 알고 있다. 그래서 만든 것이 눈꽃 빙수! 공기를 더욱 많이 함유할 수 있도록, 가능한 한 눈과 닮게 얼음을 가는 것이 포인트! 여기에 0도 이하에서 어는 단맛이 강한 토핑까지 올리면 눈꽃 빙수는 마지막까지 물을 만들지 않는다.

마카롱 먹고 싶으면
꿀벌한테 잘해라.

아몬드 과자 마카롱

6

꿀벌의 선물 마카롱

거품을 낸 계란 흰자에 흰 설탕과 아몬드 가루를 넣어 만든 반죽을 지름 4센티미터 두께 1.5센티미터 정도로 구워 낸다. 이렇게 만든 머랭 과자 사이에 버터크림을 넣어 만든 달콤한 디저트가 바로 마카롱이다. 원래 마카롱은 아몬드에 포함된 쓴맛을 가려 맛있게 먹으려고 만든 간식으로 계란 과자 모양의 머랭 과자였다. 1800년대 파리의 한 제과점에서 과자 사이에 버터크림을 넣은 샌드위치 모양의 마카롱을 만들면서 지금 우리에게 익숙한 모양이 되었다. 슈퍼마켓에서 아몬드는 견과류 코너에 있지만, 실은 유전적으로 살구씨와 가깝다. 그래서 살구씨, 사과씨에서 나는 시안 화합물의 쓴맛을 가지고 있다. 그러나 오늘날 캘리포니아에서 대량 생산하는 아몬드는 단맛이 강한 종으로 쓴맛 아몬드가 있다는 사실을 아는 사람은 극소수다.

우리가 아몬드를 마음껏 먹을 수 있는 이유는 꿀벌 덕분이다. 이것이 무슨 말인고 하니, 매년 2월이 되면 미국에 사는 꿀벌 중 절반이 양봉업자들의 트럭을 타고 캘리포니아에 있는 아몬드 농장에 모인다. 벚꽃을 닮은 아몬드꽃은 오로지 곤충의 도움을 받아야 수분이 되기 때문인데, 기후 변화로 벌의 수가 줄어 언제까지 이런 방법으로 수분할 수 있을지 모른다고 한다. 마카롱을 계속 먹고 싶으면 기후 변화에 관심을 기울이자. 벌이 없으면 마카롱이고 뭐고 없다.

코코넛 나무 밑을 지날 때는

빠른 속도로.

7

코코넛은 위험해

이름은 마카롱과 비슷하고, 생긴 것은 밤 모양의 상투과자와 꼭 닮은 마카룬은 사실 재료에서부터 크게 다른 과자다. 상투과자는 삶은 흰강낭콩에 설탕, 물엿, 소금을 넣고 찧어 만든 앙금을 짤 주머니에 넣고 상투 모양으로 짜서 구운 과자로, 무게의 절반이 설탕과 물엿이라 열량이 매우 높다. 반면에 마카룬은 코코넛을 갈아 상투 모양을 잡아 구운 과자로 디저트 카페의 인기 메뉴 중 하나다. 상투과자보다 설탕을 덜 쓰고 코코넛 과육이 가진 특유의 아삭한 식감 때문에 다이어트 면에서 훨씬 좋다고 볼 수 있다.

코코넛은 열대 지역에서 나는 나무의 열매로 어른 머리통만 한 크기에 무게는 1킬로그램 정도 되는데, 코코넛 나무 근처에 가면 어디든 떨어지는 열매를 조심하라는 경고판이 붙어 있다. 4.9미터 높이에 매달려 있는 코코넛 열매는 1초면 땅에 닿는다. 초속 9.8미터의 속력이다. 충격량은 운동량의 변화량이므로 질량과 속도를 곱하면 9.8뉴튼초이며, 이는 1킬로그램인 물체를 1초에 9.8미터 밀어붙일 힘으로 부딪친다는 뜻이다. 분명한 사실은, 이 정도 충격이면 뇌진탕은 물론이고 심하면 머리뼈가 깨질 수도 있다. 그래서 그런 경고판이 있는 것이다.

달고나는 신중하게

8

숙련된 기술이 필요해

달고나는 아주 손쉽게 시도할 수 있지만 잘 만들려면 경험이 필요한 꽤 까다로운 간식이다. 우선 설탕을 녹인다. 열을 받은 설탕이 액체 상태가 되면 여기에 소다라고 불리는 수산화 나트륨을 넣는다. 수산화 나트륨은 설탕의 분자 사이에 끼어들어 물을 만들면서 결합을 끊는다. 이를 탈수 과정이라 하고, 이 과정에서 설탕 분자인 수크로스는 포도당과 과당으로 분해된다. 또한 분해된 포도당과 과당이 각기 다른 조합으로 결합하면서 캐러멜화가 이루어져 맛있는 냄새가 나고 색은 갈색으로 변한다.

탈수 과정에서 생겨난 물이 끓어 기화하면서 캐러멜화된 설탕 내부에 아주 작은 구멍이 많이 생기는데, 이 때문에 부풀면서 색이 옅어지고 바삭해진다. 숙련된 달고나 제조자들은 이때를 놓치지 않고 얼른 불에서 꺼내 코팅이 된 판에 부은 뒤 누름쇠로 납작하게 눌러 바삭한 과자를 만든다. 때로는 누름쇠 사이에 하트나 별 모양의 틀을 넣어 찍기도 한다. 만약 탈수 분해 과정이 일어나도 불에서 꺼내지 않으면 어찌될까? 모두 탄화수소로 변한다. 재가 된다는 말이다. 숙련도가 떨어지는 사람들은 곧잘 탄내 나는 달고나를 만든다.

과당 + 설탕 = 아사삭당

실패할 수 없는 맛.

신기한 탕후루의 맛

9

다채롭게 달달한 맛

탕후루는 딸기, 바나나, 포도, 오렌지, 사과 등 과일의 물기를 없앤 뒤 꼬치에 꿰고, 투명하고 얇지만 단단한 설탕으로 코팅한 간식이다. 베어 물었을 때 '아사삭' 하면서 설탕 코팅이 부서지는 소리가 나야 한다. 달고 부드러운 과일과 설탕의 맛이 어울려 꼬치에 꿴 과일을 순식간에 다 먹게 만드는 마법 같은 간식이다. 탕후루는 중국에서 건너온 간식으로 중국 사람들은 산사나무 열매를 설탕에 조리고 꼬치에 꿰서 겨울에 팔았다. 그래야 설탕이 얼어붙어 아삭아삭 씹히는 맛이 있기 때문이다. 지금도 탕후루를 무더운 여름에 먹는 것은 권하지 않는다. 설탕이 녹아 씹는 맛이 사라진다.

맛있는 탕후루의 비결은 설탕 녹이기! 설탕을 녹였다 너무 급하게 식히거나 저으면 불투명해지면서 결정 덩어리가 생긴다. 투명하게 코팅된 탕후루를 만들 때는 이런 결정이 생겨선 안 되므로 설탕 분자를 분해하기 위해 식초를 조금 넣거나, 물엿, 꿀 등을 넣어 설탕 분자를 둘러싸게 만들어 결정화를 막는다. 이런 조력자들을 넣고 젓지 않으면서 160도로 가열한 뒤, 조금 식었을 때 물기를 닦은 과일에 설탕물을 끼얹으면 투명 옷을 입은 탕후루가 완성된다. 혹시나 설탕을 녹이다 실수로 달걀흰자와 젤라틴을 넣었다면 그것도 괜찮다. 그게 바로 마시멜로니까.

사실 문어 다리 아니고
큰 오징어 다-리.

문어 다리의 정체

10

그 다리는 누구의 다리인가

길거리 간식으로 인기 있는 것 중 하나가 문어 다리다. 길게는 30센티미터 이상이면서 빨판이 붙은 채 납작하게 눌린 문어 다리는 쥐포 같은 건어물이 그러하듯이, 단맛과 감칠맛이 나는 화합물을 바른 뒤 말린 것이다. 무언가를 씹고 싶은 인간들의 욕구를 잘 충족해 주는 간식이다. 그러나 사람들이 알고 있는 것과 달리 시중에서 팔리는 문어 다리는 대체로 문어가 아니라, 주로 페루 앞바다에서 잡은 덩치가 큰 오징어의 다리다. 오징어와 문어는 머리에 다리가 붙은 두족강이지만 분류학상 목에서부터 갈라진 매우 다른 동물이다.

문어는 5억 개의 신경 세포를 가지고 있는데, 이 중 2/3가 다리에 있다. 다리의 빨판에는 맛보고, 냄새 맡고, 주변을 느끼는 놀라운 감각계가 있으며, 보이지 않는 곳에 다리를 뻗어 얻은 정보를 기억하고 학습하는 고유 수용기 감각 또한 뛰어나다. 이를 두고 문어에게는 뇌가 9개라는 말도 떠돌지만, 최근 연구에 의하면 중추 신경의 중심인 뇌와 각자 알아서 판단하는 똑똑한 8개의 다리가 정보를 주고받는 것으로 파악된다. 혹시나 지금 먹고 있는 것이 진짜 문어의 다리라면 문어의 뇌신경을 먹고 있다는 것쯤은 아는 것이 좋겠다.

닭의 오늘

11

내일의 닭을 다시 고민할 때

닭고기를 한입 크기로 잘라 튀긴 뒤 달고 매콤한 소스에 버무려 만든 닭강정은 맛이 없을 수 없는 간식이다. 닭강정 먹는 맛이 좀 떨어질지 모르겠으나 우리는 닭에 대해 좀 자세히 알 필요가 있다. 오늘날 인간이 먹어 대는 닭은 8,000년 전 동남아시아에서 인간의 손에 잡혀 가축이 된 적색야계의 후손들이다. 몸무게가 1킬로그램 남짓이었던 이 닭은, 씨앗, 뿌리, 벌레 등을 잡아먹는 움직임이 빠르고 매우 사나운 사냥꾼이었으나, 인간이 주는 손쉬운 먹이에 길들여져 알을 낳고 고기를 제공하는 신세가 되었다. 닭은 소나 돼지보다도 먼저 가축이 되었다.

2차 세계 대전이 끝난 후 미국 농무부는 '치킨 오브 투모로우 프로젝트'를 실행해 야생 닭보다 성장 속도가 세 배에서 다섯 배 빠르고 몸무게는 6킬로그램이나 나가는 거대 닭을 만들어 냈다. 이것은 닭을 위해서가 아니라 닭을 식량으로 생각하는 인간을 위한 프로젝트였다. 그 결과 산란 닭은 1년 남짓 알만 낳다 죽고, 식용 닭은 태어난 지 5~7주 만에 뻥튀기하듯 커져서 식탁에 오른다. 놀라지 마시라, 자연에서 닭의 수명은 10~30년이다. 지금 이 순간 지구에서 숨 쉬고 있는 닭은 230억 마리로, 오로지 인간에게 먹히기 위해 한 달 남짓 산다.

이지유의 이지 사이언스
05 간식: 탄수화물 없이 행복할 수 있어?

초판 1쇄 발행 • 2021년 10월 8일

지은이 | 이지유
펴낸이 | 강일우
책임편집 | 이현선
조판 | 박지현
펴낸곳 | (주)창비
등록 | 1986년 8월 5일 제85호
주소 | 10881 경기도 파주시 회동길 184
전화 | 031-955-3333
팩시밀리 | 영업 031-955-3399 편집 031-955-3400
홈페이지 | www.changbi.com
전자우편 | ya@changbi.com

ISBN 978-89-364-5959-8 44400
ISBN 978-89-364-5958-1 (세트)